时间频率信号的校准与控制

张首刚　李孝辉　李雨薇　施韶华　编著

科学出版社

北　京

内 容 简 介

　　频率源存在偏差，需要通过校准获得偏差信息，通过控制修正偏差。使用原子钟和精密频率源的用户，都需要对信号源进行校准和控制。本书在对校准和控制涉及的各项技术和方法进行解释和分析的基础上，结合具体例子，详细说明各种场合的不同校准和控制方法，包括导航卫星的高稳定性控制方法、国家守时实验室的高精密控制方法、一般用户的智能钟控制方法等，基本涵盖了各种用户需求。

　　本书可供通信、导航、时频等领域的工程技术人员参考，也可作为相关专业研究生的学习资料。

图书在版编目(CIP)数据

时间频率信号的校准与控制/张首刚等编著. —北京：科学出版社，2023.6
ISBN 978-7-03-074057-1

Ⅰ.①时…　Ⅱ.①张…　Ⅲ.①时间计量　Ⅳ.①TB939

中国版本图书馆 CIP 数据核字（2022）第 227929 号

责任编辑：祝　洁 / 责任校对：崔向琳
责任印制：赵　博 / 封面设计：陈　敬

科 学 出 版 社 出版
北京东黄城根北街 16 号
邮政编码：100717
http://www.sciencep.com
北京厚诚则铭印刷科技有限公司印刷
科学出版社发行　各地新华书店经销
*
2023 年 6 月第 一 版　开本：720×1000　1/16
2024 年 1 月第二次印刷　印张：14 1/2
字数：290 000
定价：150.00 元
（如有印装质量问题，我社负责调换）

前　　言

从一般的振荡器到精密的原子钟，所有的频率源都会出现偏差，并且这个偏差是变化的。修正频率源的偏差，就需要进行校准和控制。通过校准获得偏差信息，控制频率源输出接近于真值。

时间与其他物理量最显著的区别就是可以直接将国家标准时间传递到用户，用户接收到标准时间后就可以对本地的时频信号进行校准。本书涉及远程时间传递、实验室内时频信号测量等方面的内容，从校准的需求出发，对这些内容进行分析和解释，并举例说明。

用户要接收符合要求的时频信号，就需要对本地时频信号源进行控制，控制应用的范围非常宽，对不同的需求有不同的控制方法。本书结合具体例子，详细说明各种场合的不同控制方法，包括导航卫星的高稳定性控制方法、国家守时实验室的高精密控制方法、一般用户的智能钟控制方法等。

第 1、2 章介绍时间频率校准和控制的基础知识，重点介绍准确度和稳定度的概念，用一个具体例子说明校准的方法。在此基础上，介绍产生时间频率信号的振荡器和原子钟，给出频率源输出的一般模型。第 3、4 章介绍时间频率信号时域和频域的测量与分析方法，主要给出时域稳定度、频域相位噪声的概念和测量方法。第 5 章介绍时间频率信号数字化处理及测量过程中出现的典型噪声，并给出主要噪声的稳定度和功率谱图。

通过第 1~5 章的介绍，读者会对时间频率信号统计特性有一定了解。在此基础上，第 6 章重点介绍精密频率源参数的估计方法，这是频率源控制的基础。第 7 章介绍时间频率标准的传递方法，各种传递精度都是针对相应的用户。直接传递时，时间的溯源是直接溯源，而其他物理量是分级溯源的。第 8 章对时间频率的溯源和远程校准进行分析。实际上，人类刚发现电磁波时，就已经提出了时间的远程校准。第 9 章介绍标准时间是如何通过无线电信号调整用户时钟的，这就是与每个人接触的电波钟，它是时间传递、校准和控制的结合。

第 10~12 章是时频信号控制的内容。第 10 章从智能钟的原理出发，首先给出钟控制的轮廓，其次对原子钟的控制方法进行详细的说明，最后用一个例子强化对原子钟控制方法的理解。与一般的原子钟控制相比，对主钟的控制要求更高，第 11 章给出几种主钟系统及其驾驭方法。第 12 章介绍卫星导航系统中的卫星时频参考信号的控制方法，这与主钟的控制有一定区别。

为了生动形象地说明校准与控制理论，在充分掌握其原理的基础上，通过实际例子来加深读者对理论的理解,有很多例子是工程实践过程中碰到的实际问题,相信读者能从中获益。

　　中国科学院国家授时中心张首刚撰写本书第 1~6 章,李孝辉撰写第 7~10 章,李雨薇和施韶华撰写第 11、12 章。李孝辉负责全书统稿及校对。

　　本书的撰写得到边玉敬研究员、王丹妮正高工、高玉平研究员、华宇研究员、刘娅研究员、张慧君研究员、朱峰副研究员、陈瑞琼副研究员、李博博士、樊多盛硕士等的大力支持,在此一并表示感谢。感谢中国科学院时间基准重点实验室提供的研究条件,感谢国家自然科学基金项目(11033004)提供的支持。

　　由于作者水平有限,书中不足和疏漏之处在所难免,希望读者批评指正。

目　　录

第1章　时间频率校准方法概述

时间频率校准的目的是测量信号源输出时间频率与标准时间频率的偏差，涉及准确度的概念。为了完成时间频率校准，需要可溯源至国家标准的时间频率参考信号、待测设备和测量比对系统三部分。本章主要介绍时间频率校准的基本概念和基本过程。

1.1　时间频率校准的基本概念

校准就是采用某些特定的测量设备，测量待校准信号与公认的参考信号之间偏差的过程。本节将介绍时间频率校准的基本概念。

1.1.1　时间与频率

时间同长度、质量和温度等物理量相比，主要区别在于它的力学性质与其他不同，时间不可能保持不变，也就是说，时间永不停息，绝无终止。

一台钟停掉时，可以指示出时间尺度上的一点或瞬间，即停掉的时刻，但时间将继续流逝。如果停掉的钟恰巧是唯一的钟表，那么将会失去由这个钟所提供的时间尺度。倘若重新启动这个钟，则它必然要滞后一段时间，但究竟滞后多少只能靠在它停掉期间一直保持运转的其他钟的帮助才能确定。

此处，使用了时间的两种含义，即在一个具有确定原点的时间坐标轴上某一点的时刻以及钟被停掉的时间间隔。在日常生活中，时间的双重含义可以用下面两句话加以说明：

（1）"是上班的时间了"——指的是时刻；

（2）"上班的时间很长"——指的是时间间隔。

与时间有关的一个量是周期，生活中的周期现象早已为人们熟悉，如地球的自转或日出日落是一种周期现象，单摆或平衡轮的摆动、电子学中的电磁振荡都是周期现象。自然界中类似上述周而复始出现的实物或时间还有很多，周期过程重复出现一次所需要的时间称为周期，记为 T。在数学中，将此类具有周期性的现象概括为一种函数关系，即

$$F(t) = F(t + mT) \tag{1.1}$$

式中，m 为整实数；t 为描述周期过程的时间变量；T 为周期过程的周期。

频率是单位时间内周期性过程重复、循环或振动的次数，记为f。周期和频率之间互为倒数关系：

$$f = \frac{1}{T} \tag{1.2}$$

在国际单位制（International System of Units, SI）中，时间的单位是秒（s），即周期的单位是秒（s），频率的单位是赫兹（Hz）。在电信号的频率测量中一般使用千赫兹（kHz）或兆赫兹（MHz）。1kHz 相当于每秒出现一千个周期，1MHz 相当于每秒出现一百万个周期。

单位时间内的频率平均值可以被精确测量。时间是计量学中的七个基本量之一，同时也是测量分辨率和准确度最高的物理量，计量学中其他基本量测量的准确度一般为10^{-6}，而时间测量的准确度可以达到10^{-9}，甚至可以达到10^{-13}。

时间频率信号源是指用于产生与标准时间、标准频率一致的时间频率信号的设备。用户使用时，需要先校准设备，使其保持在允许的误差范围内。

1.1.2　时间校准的基准

为了更精确地校准时间，必须采用一种公认的有权威性的参考作为时间频率校准的基准，这种基准一般应从两方面来选择（P.卡特肖夫，1982）：

（1）周期运动的稳定性。在不同时期内，该基准运动周期必须一样，不能因为外界条件的变化而有过大的变化，但绝对没有变化是不可能的。

（2）周期运动的复现性。周期过程在地球上任何地方、任何时候，都可以通过一定的实验或观测予以复现，并付诸应用。

稳定性和复现性同其他任何物理参数一样，不是绝对的标准化，而是针对一定的精度指标而言的。也就是说，在某一历史阶段内，它只是人类科学技术水平所能达到的最高值，并以此作为当时选择的依据。随着科学技术的发展，新仪器、新方法不断涌现，人类又依据这两个条件去寻找新的时间测量基准。时间测量基准主要有三种：地球的自转，表现为世界时；地球的公转，表现为历书时；原子跃迁频率，表现为原子时（吴守贤等，1983；P.卡特肖夫，1982）。

地球自转的周期是 1d，世界时（universal time，UT）的秒以一天的 1/86400 给出，地球公转的周期是 1 年，历书时的秒以 1 年的 1/31536000 给出，这两种时间不属于本书介绍的内容，本书主要说明原子时产生过程中的时间频率测量与校准。

1967 年 10 月举行的第十三届国际度量衡大会上通过原子时秒长定义，即位于海平面上的铯 133（133Cs）原子基态的两个超精细能级在零磁场中跃迁振荡 9192631770 周所持续的时间为一个原子时秒。值得注意的是，在这个定义中，测量的不是时间而是频率。在天文学领域中，秒的定义是以一个长周期的分数形式给出的，此处是由大量快速振荡周期的累加给出的。

需要明确的是，时间中秒的定义是铯 133 原子基态的两个超精细能级在零磁场中跃迁振荡 9192631770 周所持续的时间，虽然产生的机理比较复杂，但可以理解为将频率进行计数，计数 9192631770 个周期就是 1s。此处，强调了时间标准和频率标准的同一性，既可以由时间标准导出频率标准，也可以由频率标准导出时间标准。一般情况下不再区分时间标准和频率标准，而统称为时频标准。

在原子时中，时间测量是基于正弦波信号完成的。为测量方便，一般由原子钟产生 1MHz、5MHz、10MHz 三种正弦波，对正弦波进行分频或倍频，产生不同频率。其中，时间信号一般是通过对正弦波分频产生，如对 10MHz 进行 10^7 分频，产生秒脉冲（1 pulsar per second，1PPS），秒脉冲的上升沿代表某一时刻。

1.1.3　时间频率校准的定义

时间频率校准是指对时间频率标准性能的测量，即比较待测信号与参考信号差值的测量过程。被校准的时间频率标准被称为待测设备（device under test，DUT）。通常需要校准频率的待测设备有石英振荡器、铷原子振荡器和铯原子振荡器，需要校准时间的待测设备主要是各种原子钟。为了完成校准，待测设备必须与时间频率参考（时间频率基准或时频标准）进行比对。时间频率参考的准确度要比待测设备高一定比例才能实现校准，将该比例称为测试不确定度，比例一般为 10∶1。实际测量中，也可以选择较小的测试不确定度，如比例为 5∶1，其完成校准将花费更长的时间（Itano et al.，1993）。

当时间频率校准完成后，可以得到待测设备的输出频率与其频率标称值的相似程度。频率标称值是指振荡器标注的输出频率。例如，一个待测设备的频率标称值为 5MHz，表明该设备可以产生 5MHz 的频率。时间频率校准的目标是测量该设备实际产生的频率与频率标称值的差值，该差值被称为频率偏差。一般情况下，频率偏差保持在一个特定范围之内，这个范围被称为频率的准确度，也称为不确定度。待测设备需要达到的频率准确度是由用户的需求决定。在某些情况下，用户使用设备制造商公布的参数作为是否满足使用要求的判断依据。如果一个设备校准后，其准确度满足使用要求，则可以正常使用；如果准确度不能满足使用要求，这个设备就不能继续使用，需要从工作场所撤换掉（Itano et al.，1993；Allan et al.，1988；Howe et al.，1981）。

用于校准的时间频率参考必须具有可溯源性。国际标准化组织（International Organization for Standardization，ISO）定义了溯源的含义（ISO，1999），即测量结果或标准频率必须通过一系列完整的且满足给定准确度的比对后溯源至规定参考，通常为国际或国家频率基准。

在我国，完整的时间对比最终需要溯源到中国科学院国家授时中心（National Time Service Center，Chinese Academy of Science，NTSC）（以下简称"国家授时中心"）保持的协调时（NTSC）［coordinate universal time, National Time Service Center, UTC（NTSC）］。在时间频率校准中，溯源是通过向 NTSC 发送待校准的时间信号或由 NTSC 发送标准时间信号到用户来实现的，如用于校准大量频率标准。两种方法在时间频率校准中都是可实现的。

振荡器对于环境的变化非常敏感，对设备的启动和关闭更加敏感。例如，一个已经校准的振荡器重启后，设备的校准可能失效。除此之外，搬运过程中振动和温度的改变都有可能使校准失效。基于以上原因，校准实验室需要在设备使用地进行校准。

一般来说，可以使用标准传递将时间频率参考标准从国家授时中心传递到当地校准实验室。标准传递是指能通过接收和处理无线电信号来提供可溯源至国家授时中心的参考时间和频率的信号，这些无线电信号均可溯源至国家时频基准。可用的无线电信号主要有国家授时中心发播的短波授时系统，呼号为 BPM；低频时码授时台，呼号为 BPC；长波授时系统，呼号为 BPL；或者是北斗卫星导航系统的授时信号，其时间溯源至 UTC（NTSC）。每一种无线电信号中广播的溯源信号均有其特定的准确度级别。使用标准传递是时间频率校准领域的一个巨大进步，不但能使任何拥有无线电接收设备的地点同时得到可溯源的校准，还能有效地消除时间频率标准在搬移过程中产生的偏差。时间频率标准传递最突出的特点是可以实现直接传递，这是与其他基本物理量分级传递显著不同的地方。

可溯源的标准传递完成后，通过一系列技术程序进行校准，这种程序称为校准方法。承担校准任务的校准实验室需要用书面形式详细说明这些方法，还要建立一套能完成整个校准程序的测量系统。ISO 17025 号文件对于校准和测试实验室的基本要求：实验室必须使用适当的方法和步骤在确定的误差范围内实现时频标准的测试和校准，包括使用适当的统计学方法分析通过测量准备、采样、处理、传输和储存等各种测试项目所得到的测试数据。

此外，ISO 17025 号文件要求，实验室所使用的测试和校准方法还要包括能适合于客户端测试和校准需求的部分。当客户端不能指定时，就需要校准实验室从国际或国家地区标准、国际知名组织、相关的国际期刊与文献、设备生产厂家的规格说明中为其选择恰当的校准方法。

因此，校准实验室必须使用一套科学的、准确的方法自动地完成校准工作，这样才能保证实验室高质量校准工作的连续性，有助于满足 ISO 标准或实验室标准鉴定条件的要求。

1.1.4　时间频率校准的过程

根据上面描述，时间频率校准的一般过程如图 1.1 所示。校准的参考信号源来自于国家标准时间或协调世界时，通过标准传递，在校准实验室复现出参考时间和频率，比较待测设备输出与参考信号的偏差，根据需要对待测设备进行调整，完成校准过程。

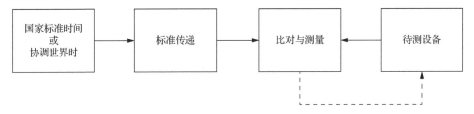

图 1.1　时间频率校准的一般过程

本节介绍了时间频率校准的基本概念。接下来，在对时间频率校准中涉及的两个时间频率信号主要指标进行分析的基础上，说明时间频率校准的一般方法，然后以美国国家标准技术研究院（National Institute of Standards and Technology, NIST）的时间频率校准系统为例，说明时间频率的校准。

1.2　时间频率信号的指标

频率偏差和频率稳定度是时间频率信号的两个主要指标，本节将给出频率偏差和频率稳定度的定义并说明测量方法。频率偏差与频率准确度相关，频率稳定度与频率随机变化相关。

1.2.1　频率偏差

在实际工作中，待测设备并不能精确输出其频率标称值的频率信号，需要通过校准，获得它与频率标称值的偏差，使得待测设备输出频率接近频率标称值。

为了测量待测设备的频率偏差，需要将其与参考频率标准相比较，通常是将待测设备产生的频率与参考频率标准产生的频率进行相位比较。相位比较方法将在后面章节中详细介绍。通过相位变化量和测量时间，可以估算待测设备的频率偏差，用频率准确度表示。测量时间是指测量相位差变化所使用的时间长度。频率准确度可由式（1.3）得出（Allan et al.，1988；Howe et al.，1981）：

$$f(\text{offset}) = \frac{-\Delta t}{T} \tag{1.3}$$

式中，Δt 为相位差变化量；T 为测量时间。

假如在 24h 的时间间隔上测得相位差变化量为 1μs（百万分之一秒），在计算中采样时间的单位应该从小时化为秒，则式（1.3）就变为式（1.4）：

$$f(\text{offset}) = \frac{-\Delta t}{T} = \frac{-1\mu s}{86400000000\mu s} = -1.16 \times 10^{-11} \tag{1.4}$$

频率偏差越小，待测设备产生的频率也就越接近标准频率。通过与参考频率标准进行比对，一个24h相位差变化量为1μs的振荡器的频率偏差为-1×10^{-11}。表1.1列出了给定相位差变化量所对应的频率准确度。

表1.1 给定相位差变化量所对应的频率准确度

测量时间	相位差变化量	频率准确度
1s	1ms	1.00×10^{-3}
1s	1μs	1.00×10^{-6}
1s	1ns	1.00×10^{-9}
1h	1ms	2.78×10^{-7}
1h	1μs	2.78×10^{-10}
1h	1ns	2.78×10^{-13}
1d	1ms	1.16×10^{-8}
1d	1μs	1.16×10^{-11}
1d	1ns	1.16×10^{-14}

在频率标称值已知的情况下，可将表1.1中频率准确度转化为以Hz为单位的频率偏差。例如，某频率标称值为5MHz的振荡器频率准确度为1.16×10^{-11}，为了将其频率准确度单位化为Hz，首先要将频率标称值与量纲为1的频率准确度相乘：

$$5\times10^6\times1.16\times10^{-11}=5.80\times10^{-5}=0.0000580（Hz）\qquad(1.5)$$

然后将频率标称值5MHz化为5000000Hz，从而可知振荡器所产生的实际频率为

$$5000000Hz + 0.0000580Hz = 5000000.0000580Hz \qquad(1.6)$$

在不确定性分析中，测量时间必须足够长才能保证测得频率偏差是由待测设备本身产生的而不是来源于其他噪声。换言之，必须保证待测设备与参考频率相位差变化量Δt的测量不受参考频率标准或测量设备噪声的影响。相位差的变化主要通过相位比较而得到的，为保证测量不受参考标准的影响，需要采用10∶1的测量不确定度。

当使用罗兰C（long range navigation C, LORAN-C）系统或全球定位系统（global positioning system, GPS）传递时间频率标准时，无线电波的传输路径噪声也会引起相位差变化。解决这个问题的办法是延长采样时间，减小测量误差，最少为24h，这是因为接收机与发射台之间周期变化的路径延迟在24h近似相同。此外，还可使用曲线拟合法等统计学方法来提高频率偏差估计的准确度和可信度。

图1.2为待测设备和参考频率标准的相位曲线图。图1.2（a）为参考标准相位噪声较小的情况，测量的不确定度大于或等于10∶1。图1.2（b）为参考标准

相位噪声较大的情况，测量的不确定度小于 10：1 时，参考频率标准的噪声就会引起待测设备准确度测量结果的改变。

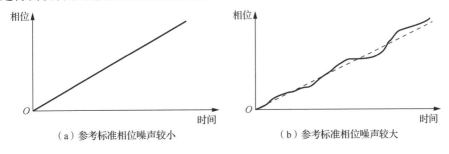

（a）参考标准相位噪声较小　　　　　　（b）参考标准相位噪声较大

图 1.2　待测设备和参考频率标准的相位曲线图

　　总之，频率偏差体现出待测设备的实际频率与频率标称值的符合程度，是校准实验室最关心的量值。在振荡器的说明书中，给出的频率准确度指标实际上与频率偏差是等价的，因为它们都是来源于给定测量时间的测量结果。

　　频率准确度指出了频率偏差的上下边界。在 ISO 中准确度的定义：由测量引起的测量值离散分布的特性。

　　换言之，频率准确度表征了频率偏差取值范围。在实际测量中一般采用置信度为 2σ 的估计方法，这表明在一个采样周期内所得频率偏差有 95.4% 的可能性在准确度的取值范围中。这个范围一般由频率偏差的平均值（或中值）加上或减去频率准确度所得。因此，频率准确度使用正负号来表示频率偏差的上边界或下边界，如 $\pm 1 \times 10^{-12}$，有的情况下省略正负号，只说明具体数值，但仍具有上下边界。

　　待测设备频率准确度的最大组成部分是频率稳定度。下一小节将详细介绍待测设备的频率稳定度。

1.2.2　频率稳定度

　　频率偏差是振荡器实际输出频率与其频率标称值的相似程度，即振荡器的频率是否准确，与振荡器本身的性质没有关系。例如，一个稳定但却未校准的振荡器输出频率偏差可能会比较大，而一个校准但不稳定振荡器的输出频率则会十分接近其频率标称值。

　　频率稳定度表征振荡器在给定时间内输出相同频率的优劣程度。短期稳定度通常是指时间间隔小于 100s 的频率波动情况；长期稳定度是指时间间隔大于 100s 的频率波动情况，一般取 1d 以上。振荡器的说明书中一般会列出 1s、10s、100s、1000s 的频率稳定度。

　　频率稳定度表明振荡器在给定时间内保持输出频率不变的能力，并不能说明输出频率是否准确。同样，在频率偏差发生变化的情况下频率稳定度是不变的。通过调整，可以在保持振荡器稳定度不变的情况下将其输出频率拉近或远离频率标称值。稳定信号与不稳定信号的波形如图 1.3 所示。可以明显看出，信号①是不稳定的，在 $t_2 \sim t_3$ 时间段存在频率波动。

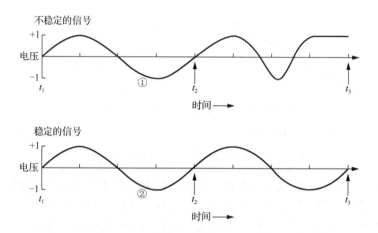

图 1.3　稳定信号与不稳定信号的波形

　　频率稳定度可以在时域上表征，也可以在频域上表征，两种表征方法可通过统计学方法进行转化。由于时间间隔计数器在频率测量中的广泛使用，时域稳定度的表征得到了广泛应用。在时域稳定度估计中，首先要得到由独立的 y_1、y_2、y_3 等组成的一组频率值 y_i，然后把 y_i 的离散和偏离程度作为振荡器噪声的测量值。y_i 的离散和偏离程度越大，振荡器输出的信号越不稳定。

　　一般情况下，测量离散程度的基本统计量为标准差或方差。方差是表征数据集合与其平均值或中值偏离程度的统计值。但是，方差只能用于平稳的随机过程，同时其结果必须是独立的。这就要求噪声必须为白噪声，即能量在整个频谱内均匀分布。振荡器的噪声一般是非平稳的，测量数据的统计特征与时间相关。平稳的随机过程其均值和方差随着数据量的增大将收敛于特定的值，而非平稳的随机过程的均值与方差不会收敛于任何值，即均值和方差与测量时间相关。

　　基于以上原因，频率信号或时间信号的时域稳定度估计使用了阿伦方差（Allan variance，AVAR）这个非传统的统计量（Allan et al.，1988），实际上用的是方差的平方根，更确切的名字应该是阿伦偏差，虽然不区分这两个概念，但一般都是指阿伦偏差。在美国电气和电子工程师学会（Institute of Electrical and Electronics Engineers, IEEE）的推荐下，时间频率标准生产商均使用阿伦方差来描述频率稳定度。阿伦方差的计算公式为

$$\sigma_y(\tau) = \sqrt{\frac{1}{2(M-1)} \sum_{i=1}^{M-1} \overline{(\overline{y_{i+1}} - \overline{y_i})^2}} \qquad (1.7)$$

式中，M 为序列 y_i 的个数；y_i 为第 i 个 τ 时间段内的平均频率。值得注意的是，标准方差由各次频率测量值与它们总的平均值之差的平方和获得，阿伦方差却由各次频率测量值与其前一值之差的平方和获得。因为频率稳定度是对频率起伏的度量而不是对频率准确度的度量，对连续的数据点做差就可以将非平稳过程转化为平稳过程，消除与测量时间相关的噪声。

表 1.2 列举了使用相位测量结果进行频率稳定度估计的方法。第一列是每隔 1s 的相位测量结果，每一个测量值都大于前一个，说明待测设备的输出频率与参考频率之间存在偏差并导致了相位变化。第二列为对原始数据做差后所得的相位差变化量（Δt）。第三列为用相位差变化量除以 1s 的测量间隔所得频率准确度。因为相位差变化量大致为 4ns/s，说明待测设备的频率偏差约为 4×10^{-9}。最后两列是频率数据一阶差分和一阶差分的平方。因为一阶差分的平方和为 2.2×10^{-21}，所以阿伦方差计算公式（$\tau=1\text{s}$）变为

$$\sigma_y(\tau)=\sqrt{\frac{2.2\times10^{-21}}{2\times(9-1)}}=1.17\times10^{-11} \tag{1.8}$$

表 1.2 使用相位测量结果进行频率稳定度估计的方法

相位差 y_i/ns	相位差变化量 $\Delta t/\text{ns}$	频率准确度 $\Delta t/1\text{s}$	一阶差分 $(y_{i+1}-y_i)/10^{-8}$	一阶差分的平方 $(y_{i+1}-y_i)^2/10^{-22}$
3321.44	—	—	—	—
3325.51	4.07	4.07×10^{-9}	—	—
3329.55	4.04	4.04×10^{-9}	-3	9
3333.60	4.05	4.05×10^{-9}	$+1$	1
3337.67	4.07	4.07×10^{-9}	$+2$	4
3341.72	4.05	4.05×10^{-9}	-2	4
3345.78	4.06	4.06×10^{-9}	$+1$	1
3349.85	4.07	4.07×10^{-9}	$+1$	1
3353.91	4.06	4.06×10^{-9}	-1	1
3357.96	4.05	4.05×10^{-9}	-1	1

使用同样的数据，$\tau=2\text{s}$ 时的阿伦方差也可通过相邻的两个频率测量值求平均后作为新测量值再进行计算可得。同理，$\tau=4\text{s}$ 时就对相邻的四个值求平均。因此，平均的频率测量值个数越多，所需要的数据量也就越大。需要注意，平均个数越多，稳定度估计的置信度也就越低。在上述例子中，当 $\tau=1\text{s}$ 时有 8 个采样值，而 $\tau=4\text{s}$ 时就只剩下 2 个。

估计的置信度（1σ）详细分析见第 3 章内容。为简单起见，置信度（1σ）可由式（1.9）粗略估计：

$$1\sigma=\frac{1}{\sqrt{M}}\times100\% \tag{1.9}$$

式中，当 M=9 个时，误差区间为 33%，而当只有 2 个采样值时，误差区间高达 70%。但当采样值有 10000 个时，误差区间可以降为 1%。

图 1.4 为石英晶体振荡器的阿伦方差曲线图。随着采样时间的增加，频率稳定度得到改善，这种改善一部分是由测量系统噪声对稳定度的影响随着采样时间的增加而不断变小造成。有些观点认为，出现这种情况的原因是振荡器达到了它的噪声本底。但从实践的观点来看，噪声本底内的平均值不会随着测量数据的增加而变大。噪声本底出现是因为平稳的白噪声过程变为时间频率源噪声中的主要部分。大多数石英晶体振荡器和铷原子振荡器能在 1000s 或更短的时间内进入噪声本底，而铯原子振荡器却需要 10^5s 或更长的时间。图 1.4 中石英晶体振荡器在采样时间为 100s 时频率稳定度为 $5×10^{-12}$（图中以阿伦方差表示），接近噪声本底。

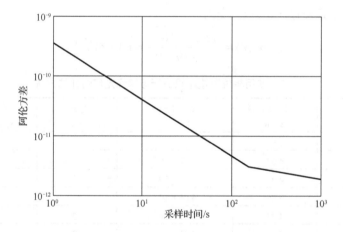

图 1.4　石英晶体振荡器的阿伦方差曲线图

频率稳定度与频率准确度的关系如图 1.5 所示。需要注意频率稳定度和频率准确度的区别。例如，频率准确度只有 $1×10^{-8}$ 的待测设备在 1000s 内的稳定度却可以达到 $1×10^{-12}$，说明该待测设备的输出频率是稳定的，但却与其频率标称值（υ_0）相差较大。

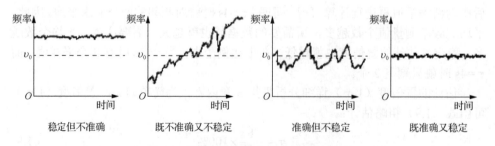

图 1.5　频率稳定度与频率准确度的关系

1.3 时间频率的校准

时间频率的校准，需要测量待测信号与参考信号的频率偏差。本节首先介绍时间频率信号测量的几种方法，然后以美国国家标准技术研究院开发的时间频率校准系统为例，详细介绍时间频率校准的方法。

1.3.1 时间频率偏差的测量方法

时间频率标准与可溯源的参考源进行比对后可以作为参考信号。本小节介绍频率比对的方法，首先介绍时间频率标准产生的电信号，振荡器输出的信号波形如图 1.6 所示。

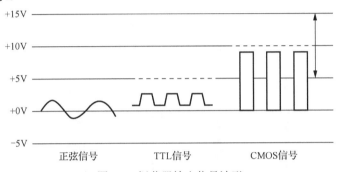

图 1.6 振荡器输出信号波形

输出频率信号为正弦波时的波形图如图 1.7 所示。该信号每个周期相位变化 2π 弧度。时间频率校准系统将如图 1.7 所示的信号与参考频率信号进行比对，测量并记录二者的相位变化。如果二者的频率是完全相同的，则它们之间的相位关系就不会发生变化；如果二者的频率不完全相同，则它们之间的相位关系会发生变化。通过二者相位关系变化速度确定待测设备的频率准确度。在正常条件下，相位变化是有序的、可预测的，但电源中断、元件故障或人为失误等异常情况则会导致瞬时的相位变化或跳变。时间频率校准系统将测量给定采样时间内的总相位差变化量，根据相位差变化量与测量时间来计算待测频率的变化（Lombardi，1996）。

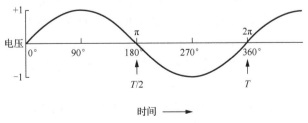

图 1.7 输出频率信号为正弦波时的波形图

　　两个正弦频率信号相位差变化量如图 1.8 所示，图中两路正弦频率信号分别由待测设备和参考设备产生。从每个波形的过零点引出一条垂线，由两个相邻的垂线所构成的条状区间则为两种信号的相位差变化量。当信号间存在频率偏差时，两者的相位差也会随时间变化，也就是待测设备相对于参考设备的准确度会发生变化。

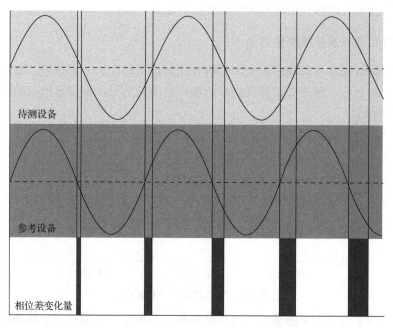

图 1.8　两个正弦频率信号相位差变化量

　　根据式（1.3），分析图 1.8 的相位差变化量，可以看出相位差变化量Δt 以固定的速率随测量时间增大，"相位差条"也以相同的速率均匀变宽。这说明待测设备的输出频率是稳定的，但却与参考设备频率存在偏差。

　　最简单的校准系统包括一个能直接计算并显示待测设备的输出频率的频率计，该系统应用于很多领域，由于校准设备的准确度取决于频率计内时间基准的准确度，一般为 $\pm 1\times10^{-8}$，对高精度校准并不合适。高精度校准需要进一步提高测量准确性，如将频率计接入外部的时间基准。频率计最大的不足是它的分辨率有限。检测较小的频率变化将需要数天甚至数周时间，从而导致使用该方法校准精密振荡器或测量稳定度变得十分困难甚至不能实现。因此，大多数的高性能校准系统采用连续测量的时间偏差数据估计频率准确度和频率稳定度。通常使用时间间隔法测量时间偏差。

　　时间间隔法是利用时间间隔计数器测量两种信号之间时间间隔的方法。时间间隔计数器有两个输入信号，分别为开门信号和关门信号。如果两个信号具有相同的频率，则二者之间的时间间隔将不会发生变化；若两个信号的频率不同，二者之间的时间间隔一般会发生缓慢变化。通过观察时间间隔的变化速率进行校准。可以这样认为，假定有两台时钟，如果每天记下每台时钟的时间，则可以确定一台时钟相对于另一台时钟快或慢的时间总量。测量两次时间间隔就能得到两钟之间的频率偏差信息。将前后两次时间间隔测量结果相减，就能计算出时钟是快了还是慢了。

时间间隔计数器由时间基准、主闸门和计数装置等部分组成。时间基准提供用于测量时间间隔的均匀脉冲信号，一般由可锁定到参考频率的内置石英振荡器产生。内置石英振荡器应具有高稳定性和可靠性，否则会直接影响时间基准的稳定性。主闸门控制计数器开始或停止工作。脉冲信号通过主闸门至计数装置，计算机读取测量结果并实时显示至时间间隔计数器的前面板上，计数器复位并开始下一次测量。输入信号电平必须达到时间间隔计数器的分辨率，将该电平称为控制电平或触发电平。触发电平设置不当会导致时间间隔计数器在噪声或其他无关信号的影响下打开或关闭，使得测量结果不准确。

时间间隔计数器的测量原理如图 1.9 所示。脉冲信号 A 为开门信号，脉冲信号 B 为关门信号。开门信号达到触发电平时开始测量，关门信号达到触发电平时结束测量，二者之间的时间差即为 A、B 间的时间间隔。开门、关门之间的时间间隔以时间间隔计数器时间基准产生的计数脉冲的周期为单位，如毫秒、微秒、纳秒等，这些测量结果即为待测设备与参考设备的相位差。

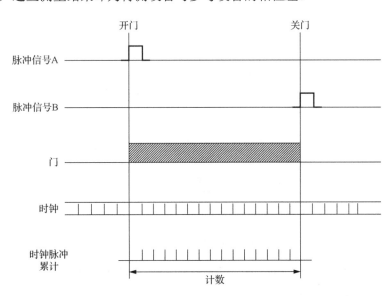

图 1.9　时间间隔计数器的测量原理

　　时间间隔计数器主要性能指标是分辨率，表征测量结果的精确程度。例如，分辨率为 10ns 的时间间隔计数器只能产生 3340ns 或 3350ns 的读数，而不能产生 3345ns 的读数，这是因为时间间隔计数器的最小测量单位为 10ns。更高精度的测量需要更小的分辨率。在传统的时间间隔计数器中，分辨率主要受时间基准频率信号周期的约束，如时间基准为 10MHz 的时间间隔计数器分辨率不高于 100ns。主要原因是传统的时间间隔计数器只能用时间基准的整个周期来衡量时间间隔，而不能用比一个周期更短的时间为单位。为了解决以上问题，通过对时间基准频率进行倍频的方法得到更高的周期并提高分辨率，如将基准频率倍频至 100MHz 后就能得到 10ns 的分辨率，为了得到 1ns 的分辨率需要将其倍频至 1GHz。但是，使用倍频方法提高测量分辨率是有限的，一般采用的方法是对基准周期与开关门之间的时间使用内插法，使用内插法的时间间隔计数器分辨率一般为 1ns，有的甚至可以达到 1ps。

　　使用时间间隔法的典型校准系统如图 1.10 所示。该系统使用时间间隔计数器测量和记录两个信号的时间偏差。开门信号与关门信号为低频信号，频率一般为 1Hz。振荡器一般输出 1MHz、5MHz 或 10MHz 的标准频率，因此必须通过分频器对其分频后才能得到低频信号。大多数分频器是以 10 的倍数进行分频，而分频能力为一千、一兆等的分频电路也较为普遍。例如，1MHz 的频率信号经过 10^6 的分频器后变为 1Hz 的频率信号。使用低频信号可以减轻计数器溢出风险和减少开门信号与关门信号过于接近而引起的错误，如有些时间间隔计数器测量小于 100ns 的时间间隔就可能会出错。

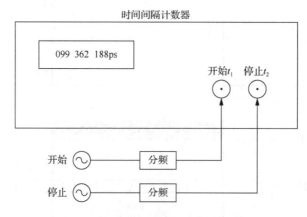

图 1.10　使用时间间隔法的典型校准系统

　　时间间隔法是目前使用最为广泛的校准方法，同其他方法相比，具有价格低、设计简单、准确度高等优点。

1.3.2　时间频率校准系统

　　1.3.1 小节介绍了时间频率校准的一般过程和方法，可以看出，一个时间频率校准系统需要包括以下几个基本部分：待校准的振荡器、溯源至国家标准的参考频率和相位比较设备。本小节以美国国家标准技术研究院的时间频率校准系统为例，进一步说明时间频率校准的方法和概念（Taylor et al.，1994）。

　　时间频率校准系统的结构如图 1.11 所示。时间频率校准系统可放置于金属机柜中，由计算机控制，通过使用 NIST 开发的软件可以控制整个校准过程，它能自动储存测量结果并绘制出曲线图。该系统能同时校准多达 5 台的振荡器，并绘制出每台待测振荡器在 2s～150d 采样时间的性能曲线图。

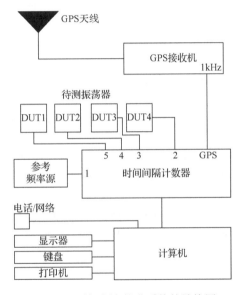

图 1.11　时间频率校准系统的结构图

　　由图 1.11 可了解一个时间频率校准系统的各个不同部分。时间频率校准系统使用 GPS 接收机作为参考标准。GPS 接收机能输出可溯源至美国海军天文台（United State Naval Observatory，USNO）的、准确度为 2×10^{-13} 的 1kHz 频率信号。

　　时间频率校准系统采用时间间隔法进行相位比较，主要包括一台单次分辨率不大于 40ps 的时间间隔计数器，通过内插法来提高时间间隔计数器分辨率。时间间隔计数器具有内置的多路复用器来切换 5 个输入信号，因此时间频率校准系统可以同时校准多达 5 台振荡器。此外，时间间隔计数器还拥有内置的分频器，5 个通道中的任一通道均可直接输入从 1Hz～120MHz 范围的频率信号。时间间隔计数器由软件控制，因此用户不需要手动设置它的触发电平。该系统还可以通过调制解调器与 NIST 相连，从而可以由 NIST 的工作人员对系统进行远程的故障检修和分析校准数据。

　　时间频率校准系统涉及本章中提及的大多数概念，能为校准实验室提供一套定义准确、信息完备的校准方法，从而可以成为实验室满足 ISO 认证或实验鉴定的重要条件。

参 考 文 献

P. 卡特肖夫, 1982. 频率和时间[R]. 漆贯荣, 沈韦, 郑恒秋, 等, 译. 西安: 时间频率公报编辑部.

吴守贤, 漆贯荣, 边玉敬, 1983. 时间测量[M]. 北京: 科学技术出版社.

ALLAN D W, HELLWIG H, KARTASCHOFF P, et al., 1988. Standard terminology for fundamental frequency and time metrology[C]. Frequency Control Symposium, Proceedings of the 42nd Annual, Piscataway: 419-425.

HOWE D A, ALLAN D U, BARNES J A, 1981. Properties of signal sources and measurement methods[C]. Thirty Fifth Annual Frequency Control Symposium, Piscataway: 669-716.

International Organization for Standardization(ISO), 1999. ISO/IEC Guide 17025. General Requirements for the Competence of Testing and Calibration Laboratories[S]. Geneve: ISO.

International Organization for Standardization(ISO), 1993. International Vocabulary of Basic and General Terms in Metrology[S]. Geneve: ISO.

ITANO W M, RAMSEY N F, 1993. Accurate measurement of time[J]. Scientific American, 269(1): 46-53.

LOMBARDI M A, 1996. An introduction to frequency calibration part II[J]. Cal Lab the International Journal of Metrology, 3(2): 17-28.

TAYLOR B N, KUYATT C E, 1994. Guidelines for Evaluating and Expressing the Uncertainty of NIST Measurement Results[Z]. National Institution Standard Technology Note 1297. U. S. Government Printing Office Washington.

第2章 时间频率信号的产生与输出模型

时间可划分为多个固定周期的间隔，周期的倒数是频率，频率的累加形成时间，正弦波是原子时产生的基础。频率标准用以产生正弦波，常使用晶体振荡器和原子振荡器两种。对精密频率源的输出，一般用频率偏差和时间偏差表示，频率源输出模型分为系统模型和随机模型。系统模型是可以预测的部分，而随机模型是不能预测的部分，只能给出数据的统计特征。

2.1 时间信号和频率信号

现代秒的定义是按照频率的累加得到的，一般原子钟和振荡器输出的都是频率信号，对频率信号分频产生秒信号。实际上，代表时间信号的是正弦波的相位，秒信号只是便于人们使用的一个参考。

2.1.1 正弦波的相位和频率

正弦波信号发生器可以产生一个电压，这个电压随时间按照正弦函数的轨迹不断变化。如图 1.7 所示，正弦波不断地重复自己本身的轨迹，因此信号为一个振荡信号。振荡周期（即 2π 弧度的相位）用 T 表示（李孝辉等, 2010; Sullivan et al., 1990）。

用弧度表示角度更加方便，正向过零点每隔 2π 弧度重复一次。频率 υ 是一秒钟的周期数，也就是周期的倒数，用 T 表示。正弦波信号发生器产生的电压 $V(t)$ 可以表示为

$$V(t) = V_0[1 + a(t)]\sin\phi(t) \tag{2.1}$$

式中，V_0 为电压振幅的标称值；$a(t)$ 为电压振幅偏离标称值的波动；$\phi(t)$ 为相位的波动。式（2.1）等效的表达为

$$V(t) = V_0[1 + a(t)]\sin\left(\frac{2\pi \cdot t}{T}\right) \text{ 或 } V(t) = V_0[1 + a(t)]\sin(2\pi\upsilon \cdot t) \tag{2.2}$$

瞬时频率归一化如图 2.1 所示。假定 $a(t)$ 为 0，电压的最大值为 1，即 V_0 为 1，这个过程称电压的归一化。

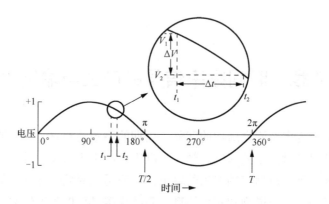

图 2.1 瞬时频率归一化

如果已知正弦波的频率，无论 Δt 为多少，总可以确定 ΔV。换个角度来看，假设测得 ΔV 和 Δt，则可以确定与所给 ΔV 和 Δt 相对应最小频率的正弦波。当 Δt 趋于无穷小，这时的频率称为 t 时刻的瞬时频率。Δt 越小，t 时刻的瞬时频率就越接近于真实值。这是因为 Δt 越小，要求带宽越宽。事实上，由于带宽的有限性，无法测量瞬时频率。

产生正弦波的设备是振荡器，提到振荡器就必须说明其正常工作时的频率，即频率标称值。频率稳定度被用来表征振荡器输出频率波动的大小。频率稳定度常常作为表征振荡器性能的主要参量。要描述一个振荡器，需要先定义振荡器的频率标称值，然后得出其相对频率稳定度的结论。正如在第 1 章里提到的，经常用频率稳定度来表示频率的不稳定度，频率稳定度是振荡器在某一时间间隔 Δt 内能产生相同频率信号的能力。国际通用"频率稳定度"的定义：在一个给定时间间隔内，由于自身或者环境因素引起的频率变化。

频率稳定度依赖于选取的测量时间段。两个不同信号在不同时间段的稳定性如图 1.3 所示，横轴表示时间线性增加。对于这两个信号来说，在 $t_1 \sim t_3$ 时间信号②波形很明显比信号①稳定；对于 $t_1 \sim t_2$ 来说，很难说这两个信号的稳定度哪个更好一些，但信号①的频率在时间 $t_1 \sim t_2$ 和 $t_2 \sim t_3$ 波形明显不同。

如果要使振荡器产生某一特定的频率 υ_0，由于振荡器的输出频率会偏离 υ_0，必须在其偏离时对振荡器进行校准。设计振荡器时，需要考虑影响振荡器频率稳定度的各种因素，它们会导致各种噪声附加在振荡器产生的正弦波上。为了表示正弦波信号发生器输出的噪声成分，可以将输出电压表示为

$$V(t) = V_0\left[1 + a(t)\right]\sin\left[2\pi\upsilon_0 t + \phi(t)\right] \tag{2.3}$$

式中，V_0 为电压振幅的标称值；$a(t)$ 为电压振幅偏离标称值的波动；υ_0 为频率标称值；$\phi(t)$ 为相位的波动。

理想状态下 $a(t)$ 和 $\phi(t)$ 为零。在现实中，振荡器的输出包含噪声，即 $a(t)$ 和 $\phi(t)$ 并不为零且随时间变化。为了确定噪声成分中的 $a(t)$ 和 $\phi(t)$，需要用到测量技术。

典型的精密振荡器可以产生频率为 υ、周期为 T 的稳定正弦波电压并输出。正弦波的频率稳定度，实际上也是频率的不稳定度，两个概念的物理意义相同，本书没有再区分这两个概念。频率上的波动与周期上的波动是相对应的，几乎所有的频率测量都是对相位波动或是周期波动的测量，即使频率可以直接读出，也不对其进行测量。例如，大多数的频率计数器对正弦波电压过零点进行测量，这是因为计数器对正弦波电压过零点相位波动非常敏感（李孝辉等，2010；张慧君，2003）。

2.1.2　相对频率偏差和时间偏差

任何频率测量都需要两个振荡器，单纯测量一个振荡器是不可能的，有的测量可能有一个振荡器在计数器中。频率测量时认为，当一个振荡器的性能优于另一个振荡器时，测量结果的波动来源于后者。然而，通常频率测量是双重的，定义相对频率或者波动为

$$y(t) = \frac{\upsilon_1 - \upsilon_0}{\upsilon_0} \tag{2.4}$$

频率测量值 υ_1 与参考振荡器频率标称值 υ_0 相减，再除以频率标称值 υ_0，从概念上也可以理解为独立运行的振荡器频率与其频率标称值的相对偏差。其中，$y(t)$ 是一个量纲为 1 的量，用来描述振荡器和时钟特性。一个振荡器在一段时间内的时间偏差可以定义为

$$x(t) = \int_0^t y(t')\mathrm{d}t' \tag{2.5}$$

由式（2.2）可知，时间偏差和相位差之间有 $1/(2\pi\upsilon_0)$ 的常数关系。因为无法测量瞬时频率，所以只能测量与采样时间相关的相对频率，τ 为测量的时间窗。无论是皮秒、秒或天，总是存在着采样时间。相对频率 $y(t)$ 是指在某一个时间 t 开始，再延迟 τ 后时间偏差的变化。两个时间偏差再除以 τ 就得到 τ 时间段内的平均相对频率：

$$\overline{y}(t) = \frac{x(t+\tau) - x(t)}{\tau} \tag{2.6}$$

式中，τ 为采样时间或平均时间，是一个确定值，如计数器的门时间。

在计数器预先设定的门时间内，计数器会对待测振荡器的输出周期进行计数。当门时间结束时，计数器就锁存表示周期的数字，以便进行读、写、处理和输出。在重复下一次测量前，系统对数据的处理会有一段延迟时间，在延迟时间中，待测信号的信息会丢失，称其为死时间。死时间经常存在，很难避免，对于振荡器测量的数据处理有很大危害。如果采样时间短于 1s，死时间对数据分析的影响很

大。另外，对于一些振荡器的测量，如果采样时间长于1s，除非一些特殊情况，死时间可能对数据分析的影响不大。一些新的设备和技术可以把死时间减少到零或者忽略不计。

实际中，振荡器输出的正弦曲线不是完美的，它包含噪声，可以通过测量这些噪声从而测定信号源的质量。

对于精密振荡器输出频率中噪声的测量，一般不使用频率计数器直接测量频率，计数器直接测量精度不适合精密振荡器的测量，用频率计数器直接测量频率的技术受到限制。

2.2 时间频率信号产生装置

频率标准包含可以产生周期性重复事件的设备，该设备称为谐振器。谐振器必须在能量激励下才能正常工作，因此激励源和谐振器共同组成了振荡器。频率标准中经常使用的振荡器有两种：晶体振荡器和原子振荡器（Arora et al.，2014；Riehle，2004；Audoin et al.，2001；Levine，1999；Sullivan et al.，1990；Jespersen et al.，1977）。

2.2.1 晶体振荡器

晶体振荡器作为新的频率标准，在19世纪20年代后，迅速取代了传统的机械振荡装置。全世界晶体振荡器每年的产量超过十亿个，应用于手表、时钟、通信网络和空间探测系统等许多领域。但是，只有高质量晶体振荡器需要到时频校准实验室进行校准，如内置于电子装置的频率计或为独立工作单元设计的振荡器，这些高质量晶体振荡器的售价在几百元至几十万元。

晶体振荡器中内置的石英是天然的或是人工合成的，一般是对石英晶体进行适当切割后生产的。石英在压电效应的作用下产生振荡电压，而振荡电压又引起石英晶体的膨胀与收缩，从而产生周期变化的频率信号。石英的振荡频率由其自身的物理尺寸和晶体类型所决定，对于高精度的应用来说，不存在能产生相同频率的晶体振荡器，均需要对其进行校准。晶体振荡器的输出频率一般为内部石英晶体的振荡频率或是由其倍频所得。晶体振荡器的基本电路原理如图 2.2 所示，振荡器所需的能量通过放大器和调谐电压提供。

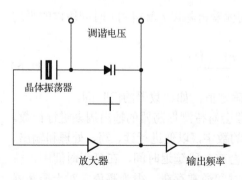

图 2.2　晶体振荡器的基本电路原理图

晶体振荡器对温度、湿度、压力和振动等环境参数较为敏感。当环境参数改变时，石英的振荡频率也会发生改变。有几种特殊类型的晶体振荡器受环境因素的影响相对较小。

1. 特殊类型晶体振荡器

第一种是恒温晶体振荡器（oven controlled crystal oscillator，OCXO），即把晶体振荡器封装在恒温器中，使晶体振荡器输出的频率信号稳定。恒温器可以为石英晶体提供一个温度变化非常小的工作环境，一般有两种不同的恒温器——开关式恒温器和比例式恒温器。开关式恒温器的工作原理是当温度达到预设的最高值时关掉电源，当温度低于最低值时打开电源。比例式恒温器比较复杂，它按照实际温度和期望温度比例的不同控制加热。对于高质量的比例恒温器，在外界温度由 0℃变化到 50℃的过程中，恒温晶体振荡器输出频率的变化小于 7×10^{-9}。

恒温晶体振荡器从开始工作到输出频率稳定通常需要 24h 甚至更长时间。尽管如此，当恒温晶体振荡器加热 20min 后，仍能达到最终期望频率值的 5×10^{-9}。使用恒温晶体振荡器的计数器，通常只要保持电源接通，即使计数器没有处于开机工作状态，恒温器也处于加热状态，因此只要保持计数器电源连接，即可减少开机后恒温晶体振荡器预热的时间。

第二种是温度补偿晶体振荡器（temperature compensate crystal oscillator，TCXO）。电感 L、电容 C 和电阻 R 使得晶体振荡器的振荡频率对温度敏感。因此，为了补偿由于温度变化引起的频率变化，可以通过控制一些外部附加电容或者用相反温度系数元件等方法保证电路具有稳定的振荡频率，采用这种补偿方法的晶体振荡器被称为 TCXO。TCXO 能提供比一般晶体振荡器更稳定的振荡频率，在环境温度从 0℃变化到 50℃时，其振荡频率仅仅改变 5×10^{-7}，比一般晶体振荡器的频率波动要好 5 倍。TCXO 性能不如 OCXO，但造价却比 OCXO 低很多，因此 TCXO 主要应用于不需要较大温度范围的小型便携式设备中。

此外，还有智能控制温度补偿晶体振荡器（microprocessor compensate crystal oscillator，MCXO），该振荡器使用微处理器和数字技术来实现温度补偿。MCXO 的性价比介于 TCXO 与 OCXO 之间。

2. 影响晶体振荡器性能的因素

除温度外，还有许多其他重要因素会影响晶体振荡器输出频率的精度，这些因素包括电源电压变化、晶体振荡器老化率或长期稳定度、短期稳定度、环境磁场、地球重力场，以及环境因素，如振动和湿度。其中，前三个因素非常重要，也是接下来重点讨论的内容（Griggs et al.，2014；Howe et al.，2000）。

1）电源电压变化

电源电压变化会导致振荡器谐振频率的改变。电压的变化量对晶体振荡器及其相关电路的影响程度主要取决于电路对电压的敏感程度。电压的变化作用到晶体振荡器及其相关电路或者恒温器变化后，会使之产生偏差，反馈的相位信号导致晶体振荡器输出频率改变。对于恒温晶体振荡器，当作用于恒温器的电源电压变化 10%时，恒温晶体振荡器的输出频率变化 $1×10^{-10}$。对于一般的晶体振荡器，当作用于其上的电压变化 10%时，输出频率变化 $1×10^{-7}$。

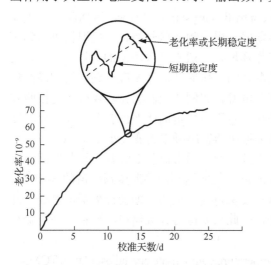

图 2.3　老化率对频率稳定度的影响

2）晶体振荡器老化率或长期稳定度

石英晶体振荡器的物理特性随时间的流逝会逐渐改变，这种改变将会产生一个逐渐累积的频率漂移，这个过程被称为老化。老化率对频率稳定度的影响如图 2.3 所示。老化率主要取决于所使用晶体的内在品质，一般由几种情况造成，如外部物质沉积造成的晶体污染、振荡电路的改变、石英材料或晶体结构的变化及晶体本身的振动效应。

晶体的老化现象一直存在，在观测中的具体表现形式为共振频率随时间增加呈线性变化。共振频率的降低或升高就意味着石英正在老化。温度和其他因素可能会掩盖短时期内较小数量级的老化，因此老化通常指的是每个月的变化。实际中，晶体老化导致频率的改变是不能在较短的平均时间内精确测量的，需要一个月以上的测量来确定老化率。对于较好的晶体振荡器，老化率一般能达到每月 $3×10^{-7}$；对更高品质的恒温晶体振荡器，老化率能达到每月 $1.5×10^{-8}$。

3）短期稳定度

经常提到的时域稳定度、相对频率偏差或短期稳定度都是由晶体振荡器中不可避免的噪声导致的，如随机频率和相位漂移等。

由于这些噪声是与时间相关的，其中任何短期稳定度的表征都必须包括平均时间或测量时间。这些噪声的特性是随时间而改变的，通过采用合适的平均时间，能部分提高短期稳定度。短期稳定度表征了在给定时间内由振荡器噪声引起的不确定度。在实际使用中，通常采用阿伦方差的平方根表示稳定度，这与在给定时间内频率变化的方差相似。

好的晶体振荡器拥有最佳的短期稳定度。OCXO 在 1s 内的稳定度可达 $1×10^{-10}$。影响振荡器短期稳定度的因素一般为振荡电路中的电子元件所带来的噪声。但在老化及其他条件的影响下，晶体振荡器的长期稳定度就比较差。即使是最好的 OCXO 也要定期校准，以保证与其频率标称值偏差不超过 1×10^{-10}。由 TCXO 构成的如计数器或信号发生器之类的测试设备，其频率准确度一般为 $4 \times 10^{-9} \sim 1 \times 10^{-7}$。没有温度控制的晶体振荡器，其频率准确度一般为 10^{-6}，这类晶体振荡器一般用于手表、计算机、收音机等。

2.2.2　原子振荡器

原子振荡器使用原子或分子所蕴含的量子能级作为共振频率的激励源。量子力学理论指出，原子只能具有某些不连续的能量值。电磁场可以激励原子从低能级跃迁至高能级，而原子从高能级跃迁到低能级时也会释放出电磁能量。因此，原子振荡器的振荡频率（f）等于两个原子能级之差（$E_2 - E_1$）除以普朗克常量（h），即

$$f = \frac{E_2 - E_1}{h} \tag{2.7}$$

所有的原子振荡器都是本征频率标准，因为它们的输出频率均由自身的天然属性所决定。一般有三种原子振荡器：铷原子振荡器、铯原子振荡器和氢脉泽振荡器。每种类型的频率标准都有一个内置晶体振荡器，晶体振荡器锁定到原子谐振器所产生的共振频率上。相对于晶体振荡器而言，原子振荡器的振荡频率受环境因素的影响较小，因此被锁定的晶体振荡器的长期稳定度将得到很大改善。在加入晶体振荡器后，原子振荡器不仅保留了晶体振荡器短期稳定度优良的特性，其长期稳定度和准确度还大大优于晶体振荡器。

1.　铷原子振荡器

铷原子振荡器是原子振荡器中价格最低且性价比最高的振荡器，它的性能远优于晶体振荡器，但造价却远低于铯原子振荡器。

铷原子振荡器工作于铷原子 87Rb 的振动频率，其值为 6834682608Hz。该频率由受铷原子振荡频率控制的较低的石英振荡器的频率倍频得到，一般为 5MHz。石英晶体振荡器的频率锁定于铷原子振荡器的频率，铷原子振荡器可以产生具有优良短期稳定度和长期稳定度的频率信号。由于铷原子振荡器比晶体振荡器具有更好的稳定度，它可以在较少校准的情况下仍保持较小的偏差。铷原子振荡器的价格高于晶体振荡器，一般为 3000～8000 美元，但校准工作的减少却能带来人工支出的减少。综合分析可知，作为频率标准而言，使用铷原子振荡器花费最少。

2. 铯原子振荡器

铯原子振荡器是基准频率标准，这是因为国际单位制中秒的定义就是基于铯原子 133Cs 的振动频率，其值为 9192631770Hz。这就意味着铯原子振荡器不仅可以在不通过校准的情况下工作于其频率标称值，而且不会因为老化产生输出频率的变化。协调世界时作为各国共同遵循的时间尺度，主要由遍布世界的铯原子钟组导出，也包括一部分氢脉泽频率标准。

铯原子振荡器是现代时频发播系统的重要组成部分。美国的频率基准就是一部名为 NIST-F1 的铯原子振荡器，其频率准确度为 1.7×10^{-15}。用于商业的铯原子振荡器一般采用铯射束技术，尺寸小到可以适应标准机柜。虽然在品质上略有不同，但经过较短的预热时间后其频率准确度可达 1.7×10^{-12}，一般情况下准确度可保持在 10^{-13} 量级。铯原子振荡器在一天内的频率稳定度为 10^{-14}，而它要达到噪声本底则需要数天或数周的时间。

可靠性是购买铯原子振荡器所要考虑的一个问题。铯原子振荡器的主要元件是铯束管，它的寿命一般为 3～25 年，主要取决于铯束管的类型及射线束的数量。由铯束管产生的铯原子振荡频率被用来控制内置的晶体振荡器。当铯束管失效时，铯原子振荡器就等效为晶体振荡器。基于以上原因，铯原子振荡器必须保持长期的监测才能保证其输出铯频率标准的稳定度。价格是需要考虑的另一个问题，购买铯原子振荡器需要 30000～80000 美元，而铯束管的费用占整个铯原子振荡器的大部分。实验室在购买铯原子振荡器时不仅要考虑最初的购买费用，还要考虑以后维护的费用。

3. 氢脉泽振荡器

氢脉泽振荡器是目前商用频率标准中最精细、最昂贵的振荡器，只有少数天文台或国家标准实验室配备氢脉泽振荡器。Maser（脉泽）由受激辐射微波放大器英文 microwave amplification by stimulated emission of radiation 的首字母构成。氢脉泽所使用的氢原子振荡频率为 1420405752Hz。

氢脉泽振荡器一般有主动型和被动型两种。主动型氢脉泽振荡器的输出频率直接来自原子的振荡频率，它比被动型具有更好的短期稳定度。两种类型氢脉泽振荡器的短期稳定度均好于铯原子振荡器。但是氢脉泽振荡器的性能依赖于复杂的环境条件，从而导致它的准确度远远小于铯原子振荡器。同时，由于本身结构的复杂性及低生产量，氢脉泽振荡器的造价为 200000 美元或更高。

2.2.3　各种振荡器性能比较

表 2.1 列举了主要晶体振荡器和原子振荡器的性能及特征。一般来说，晶体振荡器具有较好的短期稳定度，而原子振荡器具有较好的长期稳定度。

表 2.1　主要晶体振荡器和原子振荡器的性能及特征

振荡器类型	有无本征频率	共振频率	失效原因（失效时间）	频率稳定度	噪声本底	每年老化率	预热后的频率准确度	预热时间	价格/美元
TCXO	无	机械谐振（可变）	无	$1×10^{-9}$	$1×10^{-9}$（$\tau=1\sim100\text{s}$）	$5×10^{-7}$	$1×10^{-6}$	<10s	100
MCXO	无	机械谐振（可变）	无	$1×10^{-10}$	$1×10^{-10}$（$\tau=1\sim100\text{s}$）	$5×10^{-8}$	$1×10^{-7}\sim1×10^{-8}$	<10s	1000
OCXO	无	机械谐振（可变）	无	$1×10^{-12}$	$1×10^{-12}$（$\tau=1\sim100\text{s}$）	$5×10^{-9}$	$1×10^{-8}\sim1×10^{-10}$	<5min	2000
铷原子振荡器	有	6.83468260 8GHz	铷灯失效（15 年）	$5×10^{-12}\sim5×10^{-11}$	$1×10^{-12}$（$\tau=10^{3}\sim10^{5}\text{s}$）	$2×10^{-10}$	$5×10^{-10}\sim5×10^{-12}$	<5min	3000~8000
铯原子振荡器	有	9.19263177GHz	铯束管失效（3~25 年）	$5×10^{-12}\sim5×10^{-11}$	$1×10^{-9}$（$\tau=10^{5}\sim10^{7}\text{s}$）	—	$5×10^{-12}\sim1×10^{-14}$	<30min	30000~80000
氢脉泽振荡器	有	1.42040575GHz	氢气耗尽（7 年或更久）	$1×10^{-12}$	$1×10^{-9}$（$\tau=10^{3}\sim10^{5}\text{s}$）	$1×10^{-13}$	$1×10^{-12}\sim1×10^{-13}$	<24h	200000~300000

2.3　时间频率信号输出模型

给定一组相对频率数据或一对振荡器的时间差，用简单合理的性能表征模型去刻画这种波动是很有用的，这种模型适用于各种振荡器。一般可以把波动分为随机波动和非随机波动，随机波动只能从统计学预测，非随机波动受周围环境或者其他因素的影响，并且在很多方面能被预测。同样，频率源输出模型也分为系统模型和随机模型（Petovello et al.，2000；Levine，1999；Kamas et al.,1990）。

1. 系统模型

振荡器输出的系统模型变化主要是受非随机波动的影响。非随机波动通常是长时间偏离"真"时间或"真"频率的主要原因。例如，如果在一段时间内频率与频率标称值有一固定差值，可以推断出相位差将以线性的方式偏离，即相位差以线性方式累计；如果存在频率漂移，则相位差将以二次项的形式偏离。在绝大多数振荡器中，非随机波动是时间偏差和频率偏差产生的最主要原因。确定频率偏差的一种有效方法是对测量值进行简单平均，确定频率漂移的方法是用最小二乘法对频率测量值进行拟合。精确频率标准受周围环境因素的影响，这些环境因素是引起长期频率偏差和时间偏差的主要原因。

2. 随机模型

对一系列数据的系统模型进行分析并从数据中减去后，剩余的残差就是随机噪声，只能用统计学方法进行描述。对于精密振荡器来说，随机模型可以用功率谱密度表征。

$$S_y(f) = h_\alpha f^\alpha \tag{2.8}$$

式中，$S_y(f)$ 为相对频率起伏功率谱密度；f 为傅里叶频率；h_α 为噪声量的系数；α 为噪声的功率谱系数。

对于频率源，幂律谱噪声模型通常包括五种独立噪声过程（α =-2、-1、0、1、2），依次称为频率随机游走噪声（random walk frequency noise，RWFM）、频率闪烁噪声（flicher frequency noise, FFM）、频率白噪声（white frequency noise，WFM）、相位闪烁噪声（flicher phase noise，FPM）、相位白噪声（white phase noise，WHPM），它们呈线性叠加的关系：

$$S_y(f) = h_{-2}f^{-2} + h_{-1}f^{-1} + h_0 + h_1 f^1 + h_2 f^2 \tag{2.9}$$

当描述观测噪声时仅需式（2.9）中的几项，其中每一项主要占频率范围的一段。五种随机噪声的模拟图形如图 2.4 所示，五种随机噪声对应的频域斜率特性如图 2.5 所示。

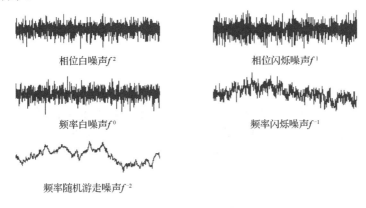

图 2.4　五种随机噪声的模拟图形

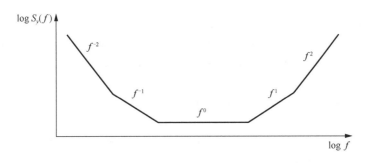

图 2.5　五种随机噪声对应的频域斜率特性

一旦确定噪声特性，就可以推断振荡器是否正常，是否符合设计要求和厂商规格。例如，当振荡器正常工作时，在采样时间从几秒到几千秒的范围内，铯原子频率标准或是铷原子频率标准的时间数据将会显示出相位白噪声，而频率数据将会显示频率白噪声。

3. 输出模型

从以上分析可知，理想情况下，频率源输出为频率恒定的正弦波信号。但是实际中，一个振荡器的实际输出频率往往会偏离它的频率标称值 f_0，原因有两个：其一是系统因素，如振荡器内部老化及外界环境因素的变化；其二是随机因素，主要由振荡器内部的噪声所决定。由于振荡器内部的老化，输出频率会有一个随时间而改变的线性漂移。例如，石英晶体振荡器、铷原子振荡器和铯原子振荡器等均存在频率漂移，但是铯原子振荡器频率漂移的量非常小（Lorini et al.，2008；Petovello et al.，2000；Levine，1999）。频率漂移分析结果的适当性往往依赖于振荡器的模型，通常情况下用式（2.10）和式（2.11）描述振荡器输出的系统模型：

$$y(t) = y_0 + at + y_r(t) \tag{2.10}$$

及

$$x(t) = x_0 + y_0 t + \frac{1}{2}at^2 + x_r(t) \tag{2.11}$$

式中，$y(t)$ 和 $x(t)$ 分别为频率源或者原子钟输出的频率信号和相位信号；y_0 为初始频率偏差；x_0 为初始相位偏差；a 为频率漂移；$x_r(t)$ 和 $y_r(t)$ 分别为相位数据和频率数据的随机项。在足够长的时间进行测量时，总可以从测量数据中扣除频率漂移项和初始频率偏差。这样，剩下的项就是随机噪声项，它是影响频率稳定度的主要因素。

参 考 文 献

李孝辉, 杨旭海, 刘娅, 等, 2010. 时间频率信号的精密测量[M]. 北京: 科学出版社.

张慧君, 2003. 高精度时间频率信号测量与分析平台的设计[D]. 西安: 中国科学院研究生院(国家授时中心).

ARORA P, AWASTHI A, BHARATH, et al., 2014. Atomic clocks: A brief history and current status of research in India[J]. Pramana, 82(2): 173-183.

AUDOIN C, GUINOT B, 2001. The Measurement of Time, Frequency and the Atomic Clock[M]. Cambridge: Cambridge University Press.

GRIGGS E, KURSINSKI R, AKOS D, 2014. An investigation of GNSS atomic clock behavior at short time intervals[J]. GPS Solutions, 18(3): 443-452.

HOWE D, ALLAN D W, BARNES J A, 2000. Properties of oscillator signals and measurement methods[R]. Boulder: National Institute of Standard and Technology.

JESPERSEN J, RANDOLPH J, 1977. From sundials to atomic clocks: understanding time and frequency[R]. Colorado: U. S. Government Printing Office.

KAMAS G, LOMBARDI M A, 1990. Time and frequency users manual[R]. Colorado: U. S. Government Printing Office.

LEVINE J, 1999. Introduction to time and frequency metrology[J]. Review of Scientific Instruments, 70(6): 2567-2596.

LORINI L, ASHBY N, BRUSCH A, et al., 2008. Recent atomic clock comparisons at NIST[J]. The European Physical Journal Special Topics, 163(1): 19-35.

PETOVELLO M G, LACHAPELLE G, 2000. Estimation of clock stability using GPS[J]. GPS Solutions, 2000, 4(1): 21-33.

RIEHLE F, 2004. Frequency Standards: Basics and Applications[M]. Weinheim: Wiley-VCH.

SULLIVAN D B, ALLAN D W, HOWE D A, et al., 1990. Characterization of clocks and oscillators[R]. NIST Tech Note 1337.

第3章　时间频率信号时域测量与表征方法

时域测量主要指测量两个振荡器之间的频率差或者时间差随时间的变化情况，时域测量最常用的是电子计数器。为提高测量精度，针对时间测量和频率测量，有多种改进的方法。通过时域测量的时间差和频率差，分析两个振荡器的时域稳定度，然后举例说明时域分析的方法。

3.1　时间频率信号的时域测量方法

时域测量是在时间域进行测量，主要测量信号的周期、时间、频率差等随时间的变化情况。时域测量是相对于频域测量而言，频域测量主要测量信号的相位噪声随频率的变化。

时域测量最常用的设备是电子计数器。美国人 Hewlett 和 Packard 在 1952 年发明了第一个数字式电子计数器——HP 524A，实现了对高于 10MHz 的频率信号的测量并将时间间隔的测量精度提高到了 100ns，这一成果被认为是电子测量领域的一个里程碑。随后，在测量领域中，电子计数器实现的功能越来越多，越来越强大。在传统的测量领域之外，电子计数器在电子学、航天、军事、计算机、教育等各个领域也得到了广泛的应用。随着集成电路、半导体金属氧化物（metal oxide semiconductor，MOS）器件和大规模集成电路的出现和发展，特别是微处理器的出现和发展，电子计数器得到了快速发展。

本节将对计数器测量的原理和测量误差进行分析，并介绍提高时间频率测量精度的方法（Sullivan，2001；Howe et al.，2000）。

3.1.1　计数器测量原理

计数器是时域测量的基础，除了测量频率外，它还可以完成相关参数的测量，如输入信号的周期、两个输入信号频率之间的比值、两个事件发生的时间间隔及计算一组特定事件的数量等，本小节对计数器的测量原理进行介绍。

1. 频率测量的原理

周期信号的频率 f 定义为单位时间内信号经过的周期数，用公式表示如下：

$$f = n/t \tag{3.1}$$

式中，n 为周期信号在时间间隔 t 中经过的周期数。如果 $t = 1s$，则频率为每秒经过 n 个周期或 nHz。

　　式（3.1）说明了测量频率的方法，即通过计算经历的周期数 n，再除以时间间隔 t，就得到周期信号的频率 f。计数器频率测量的基本原理如图 3.1 所示。

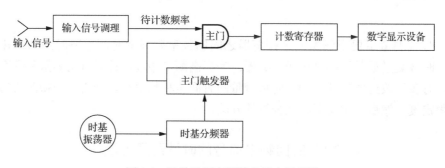

图 3.1　计数器频率测量的基本原理图

　　图 3.1 中，输入信号先调理成计数器内部电路要求的形式，调理后的信号是一系列脉冲信号，每一个脉冲信号对应于输入信号一个周期的开始。在主门打开期间，脉冲信号通过并且累加后存储在计数寄存器中。在测量过程中，主门的打开时间 t 称为门时间。打开时间 t 是由时基决定的。根据式（3.1）可知，频率测量的精确度也取决于时间 t 的精确度。因此，很多计数器使用能锁定到外部频率标准的 1MHz、5MHz 或 10MHz 的晶体振荡器作为时基的产生器件。

　　时基分频器把时基振荡器的输出信号作为它的输入信号并提供一个脉冲链输出，该脉冲链可以通过主门触发器进行控制，由时基信号十进制分频后产生。式（3.1）中的时间 t 通过选择时基分频器输出的脉冲链确定。

　　在主门打开期间，计数寄存器计算出输入信号通过主门的脉冲数，从而计算出输入信号的频率，并将计算结果显示在数字显示设备上。例如，如果计数器计算出的脉冲数是 50000，而选择的门时间是 0.1s，则输入信号的频率就为 500kHz。

2. 周期测量的原理

　　周期信号的周期 p 是频率的倒数，所以 p 可以用式（3.2）表示：

$$p = t/n \tag{3.2}$$

　　信号的周期是该信号完成一个振荡周期所花费的时间。如果能测量到若干个周期所花费的时间，则可以根据周期数平均得到该周期信号的平均周期，称为多周期平均。

　　计数器测量周期工作模式的基本原理如图 3.2 所示。在该工作模式下，主门打开持续时间取决于输入信号的频率而不是时基信号的频率，在输入信号的一个周期内，计数寄存器对时基分频器输出的脉冲数进行计数，根据时基分频器输出脉冲的间隔，获得输入信号一个周期持续的时间。

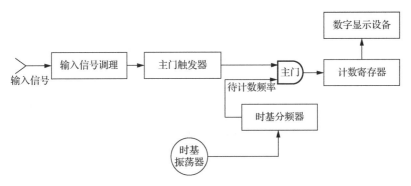

图 3.2　计数器测量周期工作模式的基本原理图

其中，输入信号可以由信号调理电路进行十进制分频，则门时间扩大到输入信号周期的十倍，这就是多周期平均技术的基础。

在同等条件下，周期测量的分辨率更高，测量的低频信号更准确。例如，用 8 位显示的计数器在 1s 的门时间对 100Hz 进行一次频率测量，将显示 00000100Hz。采用同样的计数器对 100Hz 进行单周期测量时，如果时基为 10MHz，计数器将显示 0.0100000s，分辨率提高了 1000 倍。

3. 频率比测量的原理

频率比测量的基本原理如图 3.3 所示。以两者中频率较低的输入信号作为门控信号，而对频率较高的输入信号使用计数寄存器进行计数，就可以确定在低频输入信号的一个周期内，高频输入信号经历了几个周期，以此确定两个信号的频率比。通过分频实现多倍测量取平均的方法提高测量的精度。

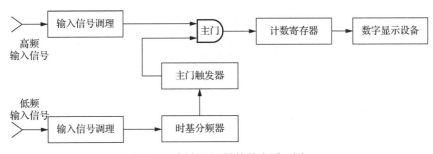

图 3.3　频率比测量的基本原理图

4. 时间间隔测量的原理

常规计数器时间间隔测量模式的基本原理如图 3.4 所示。在该模式下，主门由两个独立输入信号控制，分别作为主门的开始信号和停止信号。时基分频器的时钟脉冲信号在主门打开期间通过计数寄存器累加，累加的结果就是开始时间和停止时间之间的时间间隔。图 3.5 为通过调整触发器电压测量时间间隔的示意图。时间间隔指的是不同电压到来时的时间间隔，要求输入信号调理电路能够产生电压为 1V 时的开始脉冲信号和电压为 2V 时的停止脉冲信号。

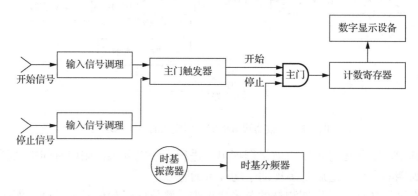

图 3.4　常规计数器时间间隔测量模式的基本原理图

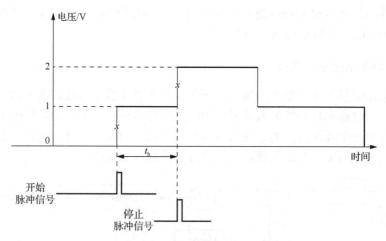

图 3.5　通过调整触发器电压测量时间间隔 t_h 的示意图

　　提高时间间隔测量精度的方法将在 3.1.3 小节中的时间间隔测量部分进行详细介绍。

5. 总数测量的原理

　　在总数测量模式中，采用一个输入通道计算一组特定脉冲信号的总数，总数测量的基本原理如图 3.6 所示。该模式类似频率测量模式，一种方法是主门打开，直到对所有的脉冲计数结束后关闭。另一种方法是用第三个输入通道累加所有的事件，并通过第一、第二个输入通道打开和关闭主门来触发开始／停止事件，进而控制累加的开始和停止。

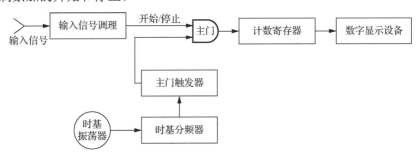

图 3.6　总数测量的基本原理图

脉冲信号累加的开始和停止也可以通过计数器面板上的开关手动控制。例如，在 HP 5354A 计数器中，累加操作通过两个独立的输入信号来完成。具体测量过程：首先把两个输入信号连接到通道 A 和 B，并把功能开关设置为开始，此时主门打开，开始进行累加计数；当把功能开关设置为停止，则计数操作结束，HP 5354A 的读出器将显示（A+B）或（A−B），至于具体显示加或减则取决于控制面板上累加模式开始/停止开关的位置。

3.1.2　计数器测量误差

电子计数器测量误差源一般分为以下四类（Sullivan，2001；Levine，1999）：
（1）±1 个字计数误差；
（2）时基误差；
（3）触发器误差；
（4）系统误差。

1. 主要的测量误差源

1）±1 个字计数误差

当电子计数器进行测量时，存在一个以最小有效数字为单位的±1 个字的计数误差，通常称为量化误差。计数误差是由计数器内部时钟频率信号和输入信号不一致产生。计数器的±1 个字计数误差如图 3.7 所示，对于同样的时间 t_m，由于主门打开的时间与输入信号不相关，在例子 1 中计数是 1，在例子 2 中计数是 2。计数误差导致最终的计数结果产生误差，也就是在门打开时间中经过主门的周期数会有±1 个字的误差。

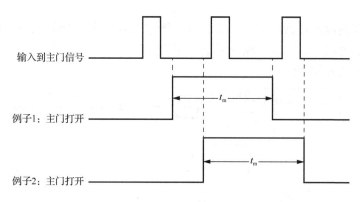

输入到主门信号

例子1: 主门打开

例子2: 主门打开

图 3.7　计数器的 ±1 个字计数误差

2）时基误差

时基晶体振荡器的实际频率与其频率标称值的不同所导致的误差会直接转化为测量误差。例如，准确度为 $1×10^{-9}$ 的时基晶体振荡器，在测量 1s 的时间间隔时，测量误差为 $1s×1×10^{-9}=1ns$。如果要求的测量精度是纳秒级，则需要考虑时基误差的影响。

3）触发器误差

触发器误差是输入信号的噪声和计数器输入通道的噪声产生的随机误差。在周期测量和时间间隔测量中，由输入信号控制计数器主门的打开和关闭。如果输入信号存在噪声，就会导致过早或者过晚到达触发电平，引起主门在错误的时间开启，从而导致在周期和时间间隔测量中出现随机误差。

4）系统误差

在时间间隔测量中，开始通道和停止通道、放大器上升时间和传播延迟的不匹配都会导致时间间隔测量出现系统误差；失配的探针或者电缆长度也会引进外部系统误差。

在时间间隔测量中，触发器电平定时误差是另一个由于触发点变化所引起的系统误差，这种变化不是因为噪声产生，而是由迟滞电压和信号漂移所引起的触发器电平的偏差引起。触发器电平定时误差（dT）可以表示为

$$dT = \frac{触发器电平误差}{信号在触发点上的移动速率} \qquad (3.3)$$

这四类测量误差源并不是在所有的计数器测量模式中都存在。误差源对各种测量是否产生影响如表 3.1 所示。在用常规计数器测量频率时，只有 ±1 个字计数误差和时基误差才会对测量结果造成较大影响；在周期测量中，前三种类型的误差都会影响测量结果的精度；只有在时间间隔测量中，这四种类型的误差源都影响测量结果的精度。

表 3.1　误差源对各种测量是否产生影响

误差源	频率测量	周期测量	时间间隔测量	备注
±1 个字计数误差	是	是	是	随机误差
时基误差	是	是	是	—
触发器误差	—	是	是	随机误差
系统误差	—	—	是	—

2. 频率测量误差

在进行频率测量时，电子计数器的精度取决于其操作模式。总的频率测量误差是 ±1 个字计数误差和时基误差两者之和。

由 ±1 个字计数误差所导致的相对频率测量误差为

$$\frac{\Delta f}{f} = \frac{\pm 1}{f_{in}} \tag{3.4}$$

式中，f_{in} 为待测的输入信号频率。输入信号频率越高，其在频率测量中由于 ±1 个字计数所引起的误差就会越小。

时基误差所导致的相对频率测量误差是量纲为 1 的因数，一般用百万分之一来表示。如果时基总误差达到百万分之一，则在测量 10MHz 信号时由时基误差所带来的误差为 $1 \times 10^{-6} \times 10MHz$，即 10Hz，或相对频率测量误差是 1×10^{-6}。

3. 周期测量误差

在进行周期测量时，测量误差是由 ±1 个字计数误差、时基误差和触发器误差共同产生的误差。在周期测量模式中，计数的是内部时钟的周期 t_c。因此，由 ±1 个字计数误差所导致的相对周期测量误差为

$$\frac{\Delta T}{T} = \frac{\pm t_c}{T_{in}} \tag{3.5}$$

式中，T_{in} 为待测的输入信号周期。

与频率测量类似，由时基误差引起的相对周期测量误差用量纲为 1 的因数百万分之几来表示。在周期测量中，计算触发器误差的一般表达式为

$$触发器误差 = \frac{1.4 \times \sqrt{x^2 + e_n^2}}{\Delta V / \Delta T} \tag{3.6}$$

式中，x 为计数器输入通道带来的噪声，在有些计数器中噪声小于数百微伏，而在有些计数器中则可高达数百毫伏；e_n 为计数器带宽内待测信号源带来的噪声；$\Delta V / \Delta T$ 为输入信号在触发点的移动速率。

±1 个字计数误差和触发器误差，不包括时基误差，可以通过多周期测量取平均的方法来降低。当主门的打开时间超过输入信号的多个周期时，就可以计算出该周期信号的平均周期。

多周期平均测量的误差为

$$误差 = \frac{\pm 1个字计数误差}{n} \pm \frac{触发器误差}{n} \pm 时基误差 \tag{3.7}$$

式中，n 为平均的总周期数。

需要注意的是，在周期或多周期平均测量中的 ±1 个字计数误差指的是被计数的时钟信号，而在频率测量中 ±1 个字计数误差指的是待测的输入信号。±1 个字计数误差和触发器误差的产生是随机的，并且发生的概率呈正态分布。在多周期平均测量中，随着测量总周期数 n 的增大，误差会不断减小。多周期平均测量不能使时基误差减少，它是唯一由时基总误差决定的误差。时基误差的绝对值取决于被测量的周期。例如，使用时基误差为 1×10^{-6} 的计数器测量周期为 100ms 的信号时，其误差为 $1\times10^{-6}\times100\text{ms} = 100\text{ns}$。

如果测量 1000 个周期，并采用多周期平均测量方法，可以算出由时基误差所引起的测量误差为 $1\times10^{-6}\times\frac{100\times1000}{1000}\text{ms} = 100\text{ns}$。由此可见，采用多周期平均测量的方法不能降低由时基误差所带来的测量误差。用同样的计数器测量周期为 1s 的信号，时基误差所带来的测量误差为 $1\mu s$。

4. 时间间隔测量误差

时间间隔测量的误差主要有 ±1 个字计数误差、触发器误差、时基误差、系统误差，提高时间间隔测量精度，主要是减少这些误差。

在时间间隔测量中，±1 个字计数误差是由时基信号产生，时钟频率越高，±1 个字计数误差越小，但时钟频率并不能无限提高，需要寻找其他解决方法。

在时间间隔测量中，触发器误差的计算公式为

$$触发器误差 = \sqrt{\frac{(x^2 + e_{nA}^2)}{(\Delta V / \Delta T)_A^2} + \frac{(x^2 + e_{nB}^2)}{(\Delta V / \Delta T)_B^2}} \tag{3.8}$$

式中，x 为计数器噪声；e_{nA}、e_{nB} 分别为 A（开始）和 B（停止）通道的噪声；$(\Delta V / \Delta T)_A$、$(\Delta V / \Delta T)_B$ 分别为 A 和 B 通道的信号在触发点的移动速率。可以看出，通过提升输入通道脉冲的上升速率和漂移率可以降低触发误差。

在周期测量中，关于时基误差的表述同样适用于时间间隔测量，除此以外还有其他原因会导致时间间隔测量误差，即系统误差。系统误差存在于各种测量模式中，在对较短时延或脉冲宽度的绝对测量中，系统误差通常很小，却不能忽略。因为系统误差是固有的，所以它会降低测量的准确度，但不会影响分辨率。

提高时间间隔测量精度的方法将会在后续进行简单介绍，其具体的细节则会单独在的时间间隔测量部分介绍。

具有随机特性的 ±1 个字计数误差和触发器误差是测量的两个误差，可以通过大量数据统计平均削弱它们的随机性。例如，通过 N 倍时间测量取平均后，这两个随机误差将会降低到原来的 $1/\sqrt{N}$。

此外，具有较短上升时间和较快移动速率的快速脉冲可以使触发器误差更小。虽然通过多周期平均方法不能降低由时基误差或系统误差导致的测量误差，但是却可以通过使用品质更好的时基晶体振荡器来降低时基误差的总和。此外，采用合适的校准来消除开始通道和停止通道的不匹配也可以减小系统误差。

3.1.3 提高时间间隔测量精度的方法

时间间隔测量是应用最多的测量，有很多方法来提高测量精度。时间间隔测量的误差是几项误差的合成，即 ±1 个字计数误差、触发误差、时基误差、系统误差。其中，±1 个字计数误差取决于计数器参考时钟频率的大小，参考时钟频率信号越大，±1 个字计数误差就越小。但通过提高参考时钟频率来提高测量精度的代价是非常大的，可以通过降低输入信号噪声，或者采用上升时间和转换速率较快的输入脉冲信号的方法，以减小触发误差的影响。

一般情况下，高精度时间间隔计数器的系统误差比较小，并且适当校准后可以完全消除系统误差的影响。在实际实现过程中，提高时间间隔测量精度最简单的方法是时间间隔平均方法，也有其他方法来提高测量精度。按实现技术，分为模拟方法与数字方法两种，模拟方法有模拟内插法等，需要模拟与数字转换过程；数字方法可以实现从时间到数字的直接转换，如游标法、抽头延迟线法等。

按照有无插值过程，时间间隔测量方法又可以分为两类：

（1）同时进行粗测和细测的内插法。内插法测量范围大，测量精度高。

（2）粗测和细测结合的方法。这类方法需要粗计数器，粗计数确定大的时间间隔，并把开始脉冲、结束脉冲与最近的时钟脉冲之间的余量送进插值单元做精确测量，主要优点是可以同时满足系统在量程和分辨率两方面的要求。

本小节选取几种典型的提高时间间隔测量精度的方法进行分析。

1. 时间间隔平均法

时间间隔平均法是通过对大量测量数据进行统计平均的方法来减少测量过程中随机因素所带来带来的测量误差。这种方法主要适用于以下两种情况：

（1）±1 个字计数误差和触发器误差的随机误差严重影响时间间隔测量的精度和分辨率。

（2）被测的时间间隔信号是重复出现的。

通过时间间隔平均法进行测量时，用于统计平均的时间间隔样本越多，其平均值就越接近于所测时间间隔的真值。在 N 次平均测量中，其精度表达式如下：

$$时间间隔平均法测量的精度 = \pm \frac{1}{\sqrt{N}}(\pm 1个字计数误差 + 触发器误差)$$

$$\pm 时基误差 \pm 系统误差 \qquad (3.9)$$

式中，±1 个字计数误差相当于时间间隔计数器参考时钟的一个周期，通过平均的方法可以将它降低为原来的 $1/\sqrt{N}$；触发器误差是由输入信号噪声和触发放大器电路噪声引起的，会导致在时间间隔测量中计数器稍早或稍晚的随机开始或停止，这种误差也可以通过多次测量取平均的方法进行降低。在时间间隔测量中，触发器误差一般要比 ±1 个字计数误差要小，并在大多数情况下可以忽略。此外，从式（3.9）可知，时间间隔平均法测量并不能减小时基误差和系统误差。

在时间间隔测量中使用平均法必须满足以下两个条件：

（1）被测信号时间间隔的重复周期与计数器时钟是异步的。

（2）有避免测量偏差的同步门电路，按照同步方式，有直接门和同步门两种，使用同步门需要解决时间间隔与参考时钟的重复发生问题。

1）直接门

在时间间隔测量中，由于直接门任意截断时钟脉冲，可能会产生偏差。直接门测量原理如图 3.8 所示。时钟信号是一个脉冲序列。当主门打开时，主门有可能会截断时钟脉冲序列；同样，当主门关闭时，它也有可能再次截断时钟脉冲序列。计数器无法判断输入脉冲信号是否被截断，因此计数器累计结果中有可能包括那些被截断的脉冲信号。

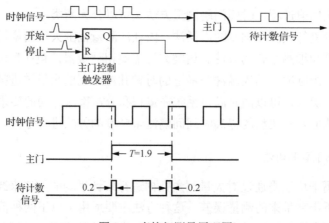

图 3.8　直接门测量原理图

如图 3.8 所示，如果计数器的最小可计数的脉冲宽度小于 0.2，则计数器累计脉冲数 R=3，从而产生超过 1 个字计数误差，该误差会使计数器读数产生明显偏差。直接门在时间间隔测量中存在以下缺点：

（1）由截断时钟脉冲信号所产生的误差可能大于 1 个字计数误差。

（2）时间间隔测量结果中存在偏差。

（3）无法测量时间间隔小于最小可计数脉冲宽度的输入信号脉冲。

2）同步门

同步门解决了时间间隔测量中的偏差问题。同步门测量原理如图 3.9 所示。在工程实践中，采用各种各样的电路，主门是跟时钟同步，其中开始和停止脉冲信号控制主门的打开和关闭，时钟信号的边沿控制主门的翻转，此时认为主门与时钟信号是"同步"的。

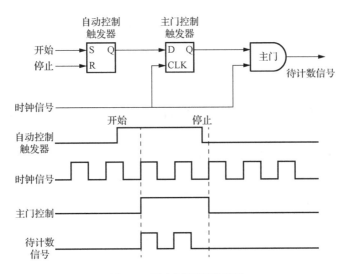

图 3.9　同步门测量原理图

同步门的设计要求只有完整的脉冲信号才可以通过主门，因此脉冲信号不会被截断。由于同步信号仅仅依靠边沿控制，时钟信号则看作是一系列零宽度的脉冲链。时钟信号的边沿如图 3.10 所示。

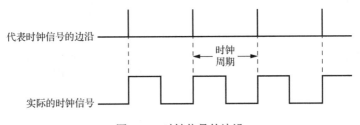

图 3.10　时钟信号的边沿

在时间间隔测量中采用同步门具有以下优点：

（1）时钟脉冲信号不会被截断。

（2）相同时间间隔测量的结果是固定的，都是同一个值。

（3）允许测量的时间间隔小于计数器的最小可计数宽度。

3）时间间隔与参考时钟同步的消除

采用平均法提高时间间隔测量精度和分辨率的第二个条件是输入信号时间间隔的重复性必须与时钟异步。如果重复性与参考时钟同步的话，测量的平均值无法接近时间间隔的真值。为了有效消除输入信号重复性和参考时钟信号的同步，一般采用在重复的时间间隔信号或参考时钟上加入随机相位发生器的方法。例如，在 HP 5345A 和 HP 5328A OPT 40 中采用了附加白噪声发生器的方法，产生随机相位调制，以确保其在时间间隔平均法的有效性。

使用同步门时，当输入时间间隔信号与时钟异步，会有以下结果：

（1）待测信号的时间间隔就是计数器的读数。

（2）计数器测量的标准差与 $1/\sqrt{N}$ 成比例。

2. 模拟内插法

在时间间隔测量中，通过内插器可以降低 ± 1 个字计数误差，提高测量的精度和分辨率。

模拟内插法测量原理如图 3.11 所示。

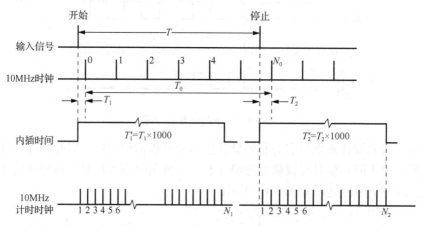

图 3.11　模拟内插法测量原理

T_0 为开始脉冲以后第一个参考时钟脉冲与停止脉冲以后的第一个时钟脉冲之间的时间间隔；T_1 为开始脉冲
与之后的第一个时钟脉冲之间的时间间隔；T_2 为停止脉冲与之后的第一个时钟脉冲之间的时间间隔

此时，待测时间间隔 T 为

$$T = T_0 + T_1 - T_2 \tag{3.10}$$

其中，T_0 是通过简单累计 N_0 时钟脉冲得到的，T_1 和 T_2 是通过模拟内插器扩展 1000 倍，然后再用常规方法测量得到，通过这种方法降低了 ±1 个字计数误差。在图 3.11 中，采用开始通道内插器对时间间隔 T_1 进行扩展，其具体方法为在 T_1 的开始时刻，对电容进行充电，在 T_1 的结束时刻结束充电。充电结束后，电容以充电电流千分之一的速度进行恒流放电，电容的放电时间即为扩展后的时间间隔 T_1'。再通过在 T_1' 期间对参考时钟脉冲 N_1 计数就可以得出扩展 1000 倍后的时间间隔 T_1'。同理，使用停止通道内插器和参考时钟脉冲 N_2 也可以得出扩展 1000 倍后时间间隔 T_2'。参考时钟周期 100ns，待测时间间隔由式（3.11）计算：

$$T = \left(N_0 + \frac{N_1}{1000} - \frac{N_2}{1000} \right) \times 100\text{ns} \tag{3.11}$$

通过这种内插器可将测量结果的分辨率提高 1000 倍，相当于将系统的参考时钟频率提高了 1000 倍。模拟内插法的测量精度受到内插器自身精度和参考时基精度的限制。

上面的模拟内插法转换时间长，所能测量的最大频率受限。一般使用两阶内插或多阶内插的方法来缩短转换时间，该方法实现的电路简单，通常在内插时间间隔计数器中应用。

另一种常用的方法是数字转化提高测量精度，原理如图 3.12 所示，该方法是将待测时间间隔转化为电压进行数字采样。首先，对电容以恒定电流充电，把待测时间间隔转化成电压，再通过集成的模数转换器将模拟电压转化成数字形式进行测量；在测量完成后，电容迅速放电以减少测量的死时间。这种方法的转换时间等于 A/D 转换器所用的时间，该方法成功应用于很多设计中，如计数器 SR620。使用调制解调器和高分辨率的集成 A/D 转换器，在测量时间间隔过程中能够得到较高的分辨率。实际上，分辨率可以达到 1～20ps。

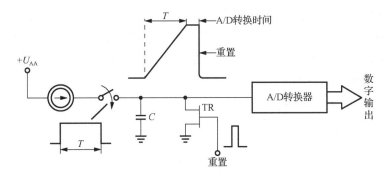

图 3.12　数字转化提高测量精度的方法原理

3. 双游标内插法

在 HP 5370A 通用时间间隔计数器中，基于双游标内插法，采用同步门扩展开始脉冲和停止脉冲。双游标内插法测量原理如图 3.13 所示。

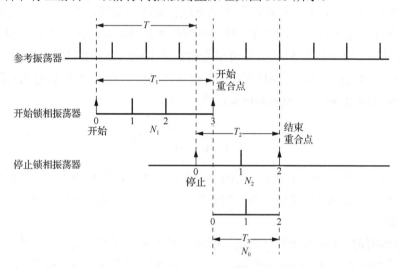

图 3.13　双游标内插法测量原理

双游标内插法的开始脉冲和停止脉冲分别激发各自的锁相振荡器，两个振荡器的周期相同，都是 $T_0(1+1/N)$，其中 T_0 为主时钟周期。图 3.13 中各时间间隔之间的关系为

$$\begin{cases} T = T_1 + T_3 - T_2 \\ T_1 = N_1 T_0(1+1/N) \\ T_2 = N_2 T_0(1+1/N) \\ T_3 = N_0 T_0 \end{cases} \tag{3.12}$$

式中，开始游标和主时钟的同步点称为开始重合点，此时对开始游标计数为 N_1；同理，停止游标在结束重合点以 N_2 结束停止游标的计数；开始重合点和结束重合点同时用来控制主门对主时钟计数，所得计数值为 N_0。如果开始重合点领先于停止重合点，则 N_0 是正的，反之则是负的。

因为所有门都是同步的，所以不存在 ±1 个字计数误差。此时，时间间隔可以由式（3.13）计算：

$$T = T_0\left[N_0 + \frac{N+1}{N}(N_1 - N_2) \right] \tag{3.13}$$

HP 5370A 使用带触发器锁相振荡器的双游标内插法并内置微处理器，从而实现精密的时间间隔测量。它采用 200MHz 主时钟，T_0 为 5ns，内插因数 $N=256$，此时该设备分辨率约为 20ps。

4. 用抽头延迟线方法进行时间数字转换

基于抽头延迟线测量时间间隔是一种相对简单的方法。其中延迟线由很多延迟单元组成，每个延迟单元都有相同传输时延 τ。通过采样开门脉冲在线路中传播时的状态完成对时间间隔的测量。最初使用的是传统的同轴电缆，但是随着半导体技术的持续发展，基于集成延迟线的新方法诞生了。20 世纪 80 年代初，新的时间数字转换器（time-to digital converter, TDC）使用锁相环或延迟锁定环技术，从而实现高稳定测量和校准。

抽头延迟线由不同的结构组成，用延迟线实现时间数字转换的过程如图 3.14 所示。图 3.14（a）为延迟线基本结构，由 N 个锁存器组成。它们的初始状态是复位状态，停止为高，开始为低。开始脉冲的上升沿传播经过一串传播时延为 τ 的锁存器，直到停止的下降沿出现，锁存所有触发器的状态，即采样线路的当前状态，并停止传输。此时测量的时间间隔是所有存储了高状态 H 的触发器的传输时间和，或者说 $T=k\tau$，其中 k 为存储了 $Q=H$ 的状态触发器的最高位，Q 表示触发器输出。输出数据从锁存器输出序列中获得，这种序列码可以转化成自然二进制码或 BCD 码。

延迟线还可以由一串缓冲器组成，每个时延也为 τ。图 3.14（b）为带有缓冲器的延迟线结构。停止脉冲的上升沿到来时提取线路的状态，然后在 N 个触发器的数据端 D 端进行保持。测量结果取决于 H 状态触发器的最高位。时间间隔分析仪 HP5371A 就采用了这种结构，其分辨率可达到 200ps。

如果将图 3.14（b）所述结构中时钟端 C 和数据端 D 的输入进行交换，就可以得到如图 3.14（c）所示的时钟端和数据端交换的延迟线结构。线路对多相位时钟停止的输入状态采样。当停止脉冲上升沿出现时，最近的时钟边缘将触发器的输出改变成 H。如果附加逻辑触发下一个触发器，其输出在时延 τ 后也会置为 H，以此类推。此时测量结果是由 H 状态触发器的最低位决定的。

延迟线技术采用直接时间数字转换，没有中间过程。采样处理可以忽略转换时间，这样的时间数字转换器也称作闪存 TDC。在忽略转化时间的情况下，电路的死时间等于复位所有锁存器所需的时间。当开始端口置低电平（L）后，线路开始逐步复位，此时转换器的死时间为 $N\tau$。但如果进行并行复位（即分别复位所有锁存器的输入）操作时，死时间就会变得很短，甚至可以忽略。在图 3.14（b）和（c）中分别对寄存器的输入复位，也可使死时间变得很短，从而可以忽略不计。

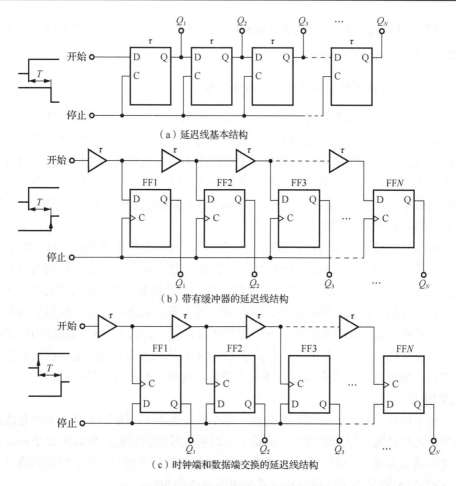

图 3.14　用延迟线实现时间数字转换的过程

应该指出的是，使用抽头延迟线法测量时间间隔和使用快速稳定的时钟驱动计数器进行测量的方法是等价的。例如，由锁存器组成的线路 $\tau = 2\mathrm{ns}$，它等价于由频率为 500MHz 的参考时钟驱动的计数器，但是线路中锁存器的数量 N 远远大于等价计数器中寄存器的数量，$N = 2^n$。使用时钟驱动的方法扩展测量范围，只需要增加一个触发器（$n' = n + 1$）即可实现测量范围翻倍，而抽头延迟线法要实现同样效果则需要将线路的长度增加到原来的两倍（$N' = 2N$）。

3.1.4　高精度频率测量方法

直接使用计数器的方法测量频率，精度一般不能达到精密测量的要求，需要用其他手段来提高测量精度（阳丽，2012；赵亮，2011；Riley，2007；Babitch et al.，1974）。

1. 下变频法

下变频法将参考频率和待测频率分别经过整型比较器和 N 分频器,得到低频信号,通常是秒脉冲,利用高分辨率的时间间隔计数器测量低频信号间的时差,根据单位时间内时差的变化导出两个频率间的偏差。下变频法原理如图 3.15 所示。

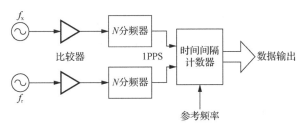

图 3.15　下变频法原理图

下变频法中的时间间隔计数器有很多商业产品可供选择,这些计数器主要测量两个信号的时间间隔,其测量的精度可以达到纳秒甚至皮秒。尽管能达到很高的精度,但在使用这种方法的时候仍需谨慎,对于纳秒量级的测量,下变频器的不稳定度也会对测量造成很大影响。

测量系统的分辨率取决于时间间隔计数器的分辨率,与分频器的分频数无关。分频数的设计需要考虑计数器测量的最小间隔和在相位溢出之前需要采集数据的长度,相位溢出是很难从数据中剔除掉的。例如,假设一个频率偏差为 2×10^{-6} 的待测频率,如果分频后输出 1PPS 信号,每秒一个脉冲,大约每 5.8d 就要发生一次相位溢出。时间间隔计数器的内部时基误差、触发器误差等因素是下变频法的测量误差。

下变频法需要的下变频器比一般通信中使用的下变频器性能要求要高,因此这种下变频器很难获得。避免下变频问题的一个方法就是振荡器输出信号直接输入时间间隔计数器当中,测量进入匹配电阻的电压信号的正向过零点。在所有方法中,都必须注意阻抗匹配,以及电缆长度、类型和接口。使用分频器的主要优点是可以解决载波周期个数的不确定性和降低灵敏度要求。一般将待测信号过零点相位作为时间差测量的参考,信号电压在 0V 时的斜率为 $2\pi V_0/\tau_1$,其中 τ_1 是振荡器振荡周期,$\tau_1=1/\upsilon_1$。对于 $V_0=1V$,5MHz 的信号在过零点的斜率是 3mV/ns,需要很高的灵敏度,这是不直接使用计数器的另一个原因。

2. 差拍频率测量法

差拍频率测量法是利用普通周期计数器获得高分辨率频率测量的经典方法,其基本过程是下变频和周期计数,将待测信号与作为参考的标准频率信号进行混频处理，得到待测信号相对于参考信号的频差信号，也称差拍信号。差拍信号频率降低，则可以采用普通计数器测量差拍信号周期，实现频率的测量。差拍信号包含待测参考信号的频差信息，因为差拍信号的频率远小于原待测信号，相对于直接测量待测信号，差拍频率测量法大大提高了测量的分辨率。

差拍频率测量法原理如图 3.16 所示。混频器两端输入的信号需要先经过放大器调理，混频器输出两个输入信号的频率差、频率及噪声，经过低通滤波器滤除高频分量以及噪声，得到两个输入信号的差值，最后用周期计数器测量差拍信号的周期。如果将计数器内部时钟锁定到具有更高稳定度的参考频率信号上，则能提供更准确的计数。

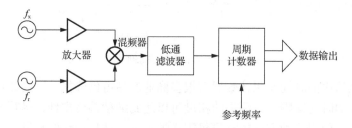

图 3.16　差拍频率测量法原理图

混频对频率的下变频作用，可以将频率测量分辨率提高差拍因子倍。例如，当待测频率标称值 f_x=10MHz 和参考频率 f_r=9.9999MHz 时，混频后的差拍信号频率 F=100Hz，即周期为 0.01s，若计数器分辨率为 100ns，则由计数器误差引起的周期测量相对误差为

$$\frac{\Delta\tau}{\tau} = \frac{\pm100\times10^{-9}}{0.01} = \pm1\times10^{-5} \tag{3.14}$$

差拍因子为

$$\frac{f_r}{F} = \frac{10\times10^6}{100} = 1\times10^5 \tag{3.15}$$

总的分辨率为

$$\frac{\Delta f_x}{f_x} = \frac{\Delta\tau}{f_r\tau^2} = \frac{100\times10^{-9}}{10\times10^6\times0.01^2} = 1\times10^{-10} \tag{3.16}$$

在上述条件下，相当于差拍频率测量法将分辨率提高了差拍因子（1×10^5）倍。

虽然差拍频率测量法能提高频率测量的精度，但这种方法依然存在不足。该方法要求参考的信号频率标称值与待测频率之间存在差值，且参考信号频率稳定度要高于待测信号，而产生具有非标准频率的高稳定度、高准确度的参考信号是比较复杂的工作；同时测量分辨率受差拍因子的影响，只能提高差拍因子倍；考虑到低通滤波器和频率偏差源的设计等因素，还需要关于频差的先验知识；另外，由于测量系统中采用了周期计数器，还存在死时间的问题。

3．双混频时差法

如果可以直接测量时间差或时间的波动，则测量时间要比测量频率更有优势。通过一段时间内时间偏差的变化来计算频率，不但可以避免死时间，还可以知道这段时间内设备的运行状态。采用时差测量的双混频时差法的应用十分广泛（李雨薇等，2011），双混频时差法测量原理及相位关系如图 3.17 所示。双混频时差测量系统秒级测量精度可以达到 1×10^{-13} 量级，这个精度使得在采样时间短至毫秒，并且没有死时间的情况下，测量时间、频率和频率稳定度成为可能。

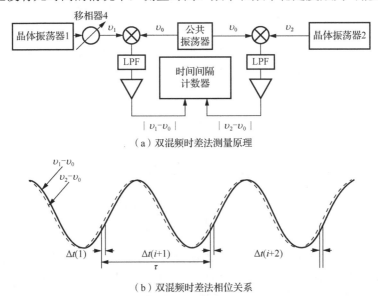

（a）双混频时差法测量原理

（b）双混频时差法相位关系

图 3.17   双混频时差法测量原理及相位关系

在图 3.17 中，晶体振荡器 1 是待测振荡器，晶体振荡器 2 为参考振荡器，υ_0、υ_1 和 υ_2 分别为公共振荡器、晶体振荡器 1、晶体振荡器 2 输出信号的频率。振荡器产生的信号输入到两个双平衡混频器的输入端口，具有两路相同输出的公共振荡器连接到两个双平衡混频器的两个输入端口，公共振荡器的频率与另外两个晶体振荡器频率有一定的偏差。两个混频器通过低通滤波器（low pass filter，LPF），分别输出两路差拍频率，随着两个晶体振荡器频率差的累计，这两个晶体振荡器的相位将会不一致。两路差拍频率的时差变化等于晶体振荡器 1 和晶体振荡器 2 的时差变化。

当晶体振荡器 1 和晶体振荡器 2 的频率非常接近的时候，这种测量技术是很有用的，通常用于测量典型的量子频标，如铯原子钟、铷原子钟、氢原子钟等。

如图 3.17（a）所示，插入的移相器 4 用来将两路差拍信号的相位调节到接近。移相器可使两个链路对称，以消除公共振荡器的噪声。差拍信号经过放大后，时间间隔计数器的开门被一个差拍信号的正向过零点触发，关门被另一个差信号拍的正向过零点触发。通过测量用两个差拍信号的过零点之间的时间差，就获得晶体振荡器 1 和晶体振荡器 2 的时间差。该方法将时差测量精度提高了载波频率与差拍频率的比值倍。

晶体振荡器 1 和晶体振荡器 2 的时间差如下：

$$x(i) = \frac{\Delta t(i)}{\tau_b \upsilon_0} - \frac{\varphi}{2\pi \upsilon_0} + \frac{k}{\upsilon_0} \tag{3.17}$$

式中，$\Delta t(i)$ 为计数器第 i 次时间差；τ_b 为差拍周期；υ_0 为标称载波频率；φ 为加入晶体振荡器 1 输出的相位延迟；k 是为了消除周期的不确定性而定义的整数。当需要找到绝对时间差时，k 才会显得很重要，但对于频率、频率稳定度和时间差，如果测量没有跨越周期，k 可以假设为零。该相对频率可以根据时间差计算得到：

$$y_{1,2}(i,\tau) = \begin{cases} \dfrac{\upsilon_1(i,\tau) - \upsilon_2(i,\tau)}{\upsilon_0} \\ \dfrac{x(i+1) - x(i)}{\tau} \\ \dfrac{\Delta t(i+1) - \Delta t(i)}{\tau_b^2 \upsilon_0} \end{cases} \tag{3.18}$$

在式（3.16）和式（3.17）中，假设公共振荡器输出频率低于晶体振荡器 1 和晶体振荡器 2 的频率，$\upsilon_1 - \upsilon_c$ 电压过零则开启时间间隔计数器，$\upsilon_2 - \upsilon_c$ 电压过零则关闭时间间隔计数器。相对频率测量时间可以是 τ_b 的整数倍，则

$$y_{1',2}(i, m\tau_b) = \frac{x(i+m) - x(i)}{m\tau_b} \tag{3.19}$$

式中，m 为任意一个正整数。如果需要，可以通过提高差拍频率而把 τ_b 设置得很小。公共振荡器可以用一个低相位噪声频率合成器代替，根据晶体振荡器 2 的输出频率产生其偏差频率。在双混频时差测量系统中，采样时间可以短至毫秒量级，其他测量设备很难达到如此短的采样时间。美国国家标准技术研究院最新测量系统就是基于双混频时差测量系统建立的，达到了很高的测量精度。

作为国家级时频基准实验室和计量实验室等机构的首选测量方案，多通道的双混频时差测量系统已经流行了很多年，美国的喷气推进实验室等研究机构都采用了双混频结构的频率稳定度分析系统。

4. 频差倍增法

频差倍增法是通过多次倍频频差信号，增大计数器的频差信号频率，然后用计数器通过测量周期或是测量频率的方法测量。频差倍增法测量原理如图 3.18 所示。

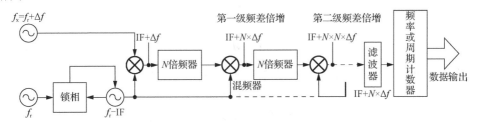

图 3.18　频差倍增法测量原理图

频差倍增法的核心思想是扩大待测信号与参考信号的频差，倍频器件对频差信号倍增若干倍后，再用通用计数器测频的方法测量扩大后的频差。若待测信号与参考信号的频差为 Δf，参考晶振输出频率为 IF，锁定到参考信号的压控晶振输出频率为 $f_{\mathrm{r}} - \mathrm{IF}$ 的信号。IF 可以根据测量计数器的分辨率参数选取，一般 $f_{\mathrm{r}} = N \cdot \mathrm{IF}$，混频后输出的频率为 $\mathrm{IF} + \Delta f$，N 倍频器输出 $\mathrm{IF} + \Delta f$ 的 N 倍信号，该信号经混频器将频率下变频得到 $\mathrm{IF} + N \times \Delta f$，完成了一级倍增链路，此时频差信号频率增加到原来的 N 倍。频差倍增链路的倍增阶数根据设计需求确定，经过一级或是 m 级 N 倍频后，频差 Δf 扩大到 $N^m \times \Delta f$，经滤波器输出后再由频率或周期计数器测频。

若待测信号、参考信号和压控振荡器输出信号的频率值分别为 $f_{\mathrm{r}} + \Delta f$、$f_{\mathrm{r}}$ 和 $f_{\mathrm{r}} - \mathrm{IF}$，其中 Δf 中包含了系统误差和噪声引起的误差。假设系统两级 N 倍增，则经过第一级和第二级信号变换得到的频率差值可以表示为式（3.20）和式（3.21）形式。

第一级频差倍增输出：

$$(\mathrm{IF} + \Delta f) \times N - (f_{\mathrm{r}} - \mathrm{IF})$$
$$= (N+1) \cdot \mathrm{IF} - f_{\mathrm{r}} + N \cdot \Delta f \tag{3.20}$$

第二级频差倍增输出：

$$[(N+1) \cdot \mathrm{IF} - f_{\mathrm{r}} + N \cdot \Delta f] \cdot N - (f_{\mathrm{r}} - \mathrm{IF})$$
$$= (N^2 + N + 1) \cdot \mathrm{IF} - (N+1)f_{\mathrm{r}} + N^2 \cdot \Delta f \tag{3.21}$$

如果 $f_{\mathrm{r}} = 10\,\mathrm{MHz}$，$\mathrm{IF} = 1\,\mathrm{MHz}$，$N = 10$，则式（3.20）和式（3.21）分别为 $1\mathrm{MHz} + 10\Delta f$ 和 $1\mathrm{MHz} + 100\Delta f$。

假设参考频率为理想无偏信号，待测频率信号的偏差为 Δf，选作参考的频率信号精度至少应该比待测信号高出一个数量级，较待测信号而言，参考信号的误差可以忽略不计，用式（3.21）表示经过倍增后的信号频差。但是如果多次采用频差倍增，由倍频器、混频器等电路噪声引起的寄生调相和从后级传入前级的干扰，会影响频率测量的准确度，甚至产生自激而无法正常工作。倍增级数越多，影响越严重，因此不能无限制地倍频。

频差倍增法的测量精度取决于所用倍频器、混频器的噪声电平和计数器的分辨率。使用频差倍增法的系统分辨率 R 可以表示为

$$R = 1 / (M \cdot \text{IF} \cdot \tau) \tag{3.22}$$

式中，τ 为采样时间，s；M 为倍频数，$M = N^m$。

由于频差倍增法结构复杂，而且产生附加噪声的来源也多，在高精度的测量系统中一般不单独使用这种方法。例如，Quartzlock 公司的 A7 系列产品就是结合了双混频时差法和频差倍增法共同实现高精度测量。

3.1.5　测量方法比较

当对两个振荡器的频率差进行测量时，希望测量系统带来的噪声比待测信号的噪声小。在时差测量系统中的噪声，与精确时间频率标准中的噪声有很大差距，商用时差测量仪器的精度约为 10^{-11} s，而时间频率标准的秒级波动小到 10^{-13} s，其中的差距有两个数量级。

如果能够测量两个时间频率标准的时间差，则可以得到时间波动、频率差和频率波动。按照这个思路，可以把测量系统分成四个等级：①测量时间 $x(t)$；②测量时间的变化或者时间波动 $\delta x(t)$；③测量频率 υ 或者 y 或者 $(\upsilon - \upsilon_0)/\upsilon_0$；④测量频率变化或者频率波动 $\delta \upsilon$ 或者 δy 或者 $\delta \upsilon / \upsilon_0$。

如果一个测量系统处于第一等级，它可以测量时间，根据时间测量值导出时间波动、频率和频率波动。如果一个测量系统仅仅能够测量时间波动，即第二等级，那么无法推导出时间，但是可以计算出频率和频率波动。如果可以测量频率，即第三等级，那么无法推导出时间和时间波动。虽然技术上可以采用一些数据快速处理方法来减少死时间，但目前所有的商用频率测量设备都有死时间。频率测量上的死时间不能将相对频率合成"真"的时间波动。如果能够测量频率，就能推导出频率波动。如果一个系统仅能测量频率波动，即第四等级，那么无法根据已有数据推导出时间、时间波动和频率波动。如果只关心频率稳定度，那么可以使用第四等级的测量系统或者类似于这种测量级别的系统。

很显然，如果第一等级的测量方法应用于所需精度的稳定度测量，则可以在数据处理上提供最大的方便与快捷，3.1.4 小节中介绍的双混频时差测量系统就采用了这个方法。

3.2　时间频率信号的时域表征方法

3.2.1　传统表征方法

假如给定一对待测精密振荡器的时间或频率波动，用 3.1 节描述的任意方法进行测量后，就可以进行稳定度分析。阿伦方差估计过程如图 3.19 所示，最小的采样时间 τ 是由测量系统决定。如果时差或者时间波动已知，可以从一个采样数据到另一个采样数据的变化中计算出相对频率 y_i，$i=1,2,\cdots,M$，共 M 个值。分析数据的方法很多。历史上，人们用标准偏差（$\sigma_{\text{std·dev.}}(\tau)$）来分析，$\sigma_{\text{std·dev.}}(\tau)$ 是用每一个 y_i 减去此组数据的平均值，求平方和后再除以（M-1），求其平方根得到标准偏差。美国国家标准技术研究院对用标准偏差表征比典型白噪声更为发散的功率谱噪声的效果进行了研究，如果频率波动是闪烁噪声或者其他非白噪声时，研究其标准偏差与数据的关系。研究结果表明，标准偏差是数据采样点数的函数，同样也是死时间和测量系统带宽的函数。例如，对于具有频率闪烁噪声的频率测量数据，随着采样数据个数的增加，标准偏差是单调递增的（张敏，2008；郭海荣，2006；Sullivan，2001）。

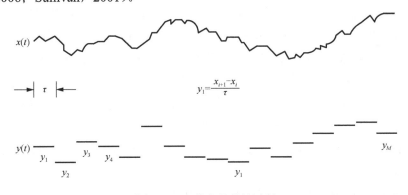

图 3.19　阿伦方差估计过程

3.2.2　常用表征方法

为解决这个问题，人们提出了很多与数据长度无关的统计方法，这些方法在表征精密振荡器随机波动上比较有效。IEEE 标准要求采用阿伦方差 $\sigma_y^2(\tau)$ 作为时域稳定度的表征量，图 3.19 是阿伦方差估计过程。式（3.23）为阿伦方差的平方根估计公式，阿伦方差的平方根一般称作阿伦偏差。式（3.23）在实验中是很容易实现的，因为它只要累加相邻两个 y_i 差的平方，除以它们的个数，再除以 2，求平方根即可得到。根据两个振荡器之间的时差 $x(t)$，计算出在每个采样时间 τ 内的相对频率。式（3.23）等号左边为阿伦偏差，式（3.23）等号右边为 IEEE 推荐的时域频率稳定度表征方法。

$$\sigma_y(\tau) = \left\langle 1/2 \left[y(t+\tau) - y(t) \right]^2 \right\rangle^{\frac{1}{2}} \tag{3.23}$$

式中，$\langle \cdot \rangle$ 表示无限时间平均。实际上，可以由如下所示的有限数据集计算：

$$\sigma_y(\tau) = \left[\frac{1}{2(M-1)} \sum_{i=1}^{M-1} (y_{i+1} - y_i)^2 \right]^{\frac{1}{2}} \tag{3.24}$$

式中，y_i 为图 3.19 中在第 i 个 τ 时间段内的频率平均值。

为了进行比较，这里写出标准偏差的计算公式：

$$\sigma_y(\tau) = \left[\frac{1}{M-1} \sum_{i=1}^{M} (y_{i+1} - y)^2 \right]^{\frac{1}{2}} \tag{3.25}$$

式中，y 为所有采样频率的平均值。标准偏差是每个数据量减去均值后进行计算，而阿伦偏差则是基于数据差分进行计算的。

从式（3.24）可以看出，稳定度表征量 $\sigma_y(\tau)$ 是随着采样时间 τ 的变化而变化的。如果没有死时间，扩展 τ 的一种有用的方法就是计算 y_1 和 y_2 的平均值，把它作为一个新的 y_1 在 2τ 上平均。同样的，计算 y_3 和 y_4 的平均值，作为新的 y_2 在 2τ 上平均。以此类推，运用相同的等式最终得到 $\sigma_y(2\tau)$。对于另外一个整数 m 与 τ 的乘积，也可以重复该操作，通过相同的数据集产生另外一个 $\sigma_y(m\tau)$ 的值，据此推导出一组 $\sigma_y(m\tau)$ 值，这样一组数据用来描述这一对振荡器的特征。如果在测量中出现了死时间，更长采样时间的 y 不能简单地平均测量数据得到，必须对每个新的采样时间重新测量来获取数据——通常需要另外的测量，这是死时间引起的另一个问题。

标准偏差随采样时间变化情况如图 3.20 所示。对于不同噪声，图 3.20 给出其标准偏差（标准方差的平方根）随采样时间变化的情况，图中是 N 个采样数据的标准偏差 $\sigma_y^2(N)$ 与阿伦方差 $\sigma_y^2(\tau)$ 的比，α 和 μ 是不同噪声系数。由于 $\sigma_y^2(\tau)$ 与采样时间无关，可以发现，对于精密振荡器的各种幂律谱噪声，标准偏差与采样个数有关。需要注意的是，$\sigma_y^2(\tau)$ 与频率白噪声的标准偏差相同。从图 3.20 看出，随着采样点个数的不断增加，经典的标准偏差无法很准确地表征大多数精密振荡器中出现的几种噪声。

图 3.20 说明了标准偏差不能用于表征频率稳定度的原因，也就是说，如果要用标准偏差，指明在数据集中有多少个采样点是十分重要的。

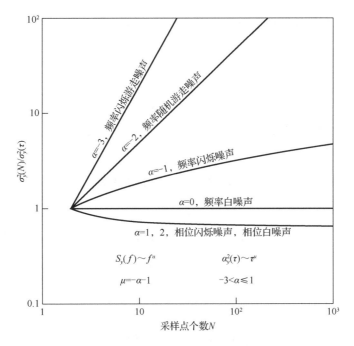

图 3.20　标准偏差随采样时间变化情况

将相对时间偏差与频率偏差的关系代入式（3.23），可得到用时差或者时间偏差计算 $\sigma_y(\tau)$ 的公式：

$$\sigma_y(\tau) = \left\langle \frac{1}{2\tau^2}\left[x(t+2\tau) - 2x(t+\tau) + x(t)\right]^2 \right\rangle^{\frac{1}{2}} \tag{3.26}$$

对于 N 个离散时间的估计值为

$$\sigma_y(\tau_0) \approx \left[\frac{1}{2(N-2)\tau^2}\sum_{i=1}^{N-2}\left(x_{i+2} - 2x_{i+1} + x_i\right)^2\right]^{\frac{1}{2}} \tag{3.27}$$

式中，i 为数据点序号，i 从 1 到数据采样点总数 N，时间间隔为 τ。如果数据中没有死时间，并且原始数据是以 τ_0 为采样时间，那么 x_i 产生的数据集可以通过积分 y_i 得到：

$$x_{i+1} = x_i + \tau_0\sum_{j=1}^{i} y_j \tag{3.28}$$

如果有 x_i，就可以由式（3.27）得到 τ_0 整数倍采样时间 τ 的阿伦方差：

$$\sigma_y(m\tau_0) = \left[\frac{1}{2(N-2m)m^2\tau_0^2}\sum_{i=1}^{N-2m}\left(x_{i+2m} - 2x_{i+m} + x_i\right)^2\right]^{\frac{1}{2}} \tag{3.29}$$

由于数据在估计置信度方面的有效应用，通过式（3.29）得到的一些结论，将在 3.2.4 小节中介绍。

3.2.3　阿伦方差计算过程示例

下面给出一个计算阿伦方差的例子，相对频率波动测量数据如表 3.2 所示。根据表 3.2 中列出相对频率波动测量数据，可计算双采样阿伦方差，表中采样时间为 1s，并且在测量中没有死时间。

表 3.2　相对频率波动测量数据

相对频率波动	y_1	y_2	y_3	y_4	y_5	y_6	y_7	y_8
数值/10^{-5}	4.36	4.61	3.19	4.21	4.47	3.96	4.10	3.08

1s 采样的阿伦方差计算过程如表 3.3 所示。因为相对频率波动测量的采样时间是 1s，所以计算的第一个阿伦方差是 $\tau = 1\,\text{s}$ 时的阿伦方差。给定 8 个值，频率差分的个数为 $M-1=7$。

$$\sum_{k=1}^{M-1}\left(y_{k+1}-y_k\right)^2 = 4.51\times10^{-10} \tag{3.30}$$

则阿伦方差为

$$\sigma_y^2(1\text{s}) = \frac{4.51\times10^{-10}}{2\times7} = 3.2\times10^{-11} \tag{3.31}$$

阿伦偏差为

$$\sigma_y(\tau) = \left[\sigma_y^2(1\text{s})\right]^{0.5} = \left[3.2\times10^{-11}\right]^{0.5} = 5.6\times10^{-6} \tag{3.32}$$

表 3.3　1s 采样的阿伦方差计算过程

序号	相对频率波动 $y_k/10^{-5}$	一阶差分 $(y_{k+1}-y_k)/10^{-5}$	一阶差分的平方 $(y_{k+1}-y_k)^2/10^{-10}$
1	4.36	—	—
2	4.61	0.25	0.06
3	3.19	-1.42	2.02
4	4.21	1.02	1.04
5	4.47	0.26	0.07
6	3.96	-0.51	0.26
7	4.10	0.14	0.02
8	3.08	-1.02	1.04

用相同的数据可以计算阿伦方差在采样时间 $\tau = 2\,\mathrm{s}$ 的值。2s 采样的阿伦方差计算过程如表 3.4 所示，用上面的方法先计算相隔 1 个频率测量值的差，求平方后的平均值即可。当 $\tau = 3\,\mathrm{s}$ 时，取相隔 2 个频率测量值，按以上方法计算即可。采样时间越长，需要的测量数据越多。对于 $\sigma_y(\tau)$ 估计的置信度可以用所采用数据个数的平方根。在上面的例子中，对 1s 采样估计值的 1σ 的不确定度（68% 置信区间）为 $100\%/\sqrt{8} = 35\%$。

表 3.4　2s 采样的阿伦方差计算过程

序号	相对频率波动 $y_k\,/10^{-5}$	2s 平均 $\overline{y}_k\,/10^{-5}$	一阶差分 $(\overline{y}_{k+1}-\overline{y}_k)\,/10^{-5}$	一阶差分的平方 $(\overline{y}_{k+1}-\overline{y}_k)^2\,/10^{-10}$
1	4.36	4.485	—	—
2	4.61			
3	3.19	3.700	−0.785	0.626
4	4.21			
5	4.47	4.215	0.510	0.265
6	3.96			
7	4.10	3.590	−0.625	0.391
8	3.08			

一阶差分平方的总和 $= 1.282 \times 10^{-10}$

阿伦方差：$\sigma_y^2(2\mathrm{s}) = \dfrac{1.282 \times 10^{-10}}{2 \times 3} = 2.14 \times 10^{-11}$

阿伦偏差：$\sigma_y(2\mathrm{s}) = \sqrt{2.14 \times 10^{-11}} = 4.63 \times 10^{-6}$

3.2.4　估计的置信度和重叠样本

假定进行了一次测量，在相同的采样间隔内测量一个振荡器相对于另一个振荡器的时间差或相位差。如果有 3 个连续的测量数据，就可以得到两个相邻的平均频率值。3 个测量值计算阿伦方差的过程如图 3.21 所示，圈点表示该时刻的频率测量值。从这两个频率测量值中，可以计算一个双采样阿伦方差。由于只有一个频率差分值，这个方差计算精度不高，即置信度并不高。

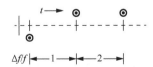

图 3.21　3 个测量值计算阿伦方差的过程

统计学上对类似双采样阿伦方差变量个数的量化问题进行了分析，正如上面例子提到的，可以通过多次上述测量，每次测量 3 个相位点并计算阿伦方差，最后计算出阿伦方差的分布。阿伦方差的分布是一个自由度的卡方分布。对普通的振荡器，频率一阶差分是正态分布随机变量，具有典型的钟形曲线和零均值。然而，正态分布随机变量的平方不再是正态分布，这是因为正态分布是正负对称而平方后却全是正值。平方的结果是卡方分布，这个分布是通过单个正态分布随机变量的平方获得，因此只有一个自由度。

如果有 5 个相位值，则可以计算 4 个相邻的频率值，5 个测量值计算阿伦方差的过程如图 3.22 所示。可以用第一对数据计算一个方差，再用第二对数据计算第二个方差，即采用第三个和第四个频率值。这两个方差的平均值都更接近真值，比先前例子中的估计值具有更好的置信区间，可以用具有两个自由度的卡方分布表示。

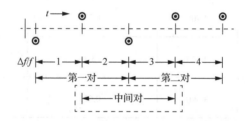

图 3.22 5 个测量值计算阿伦方差的过程

还有一种方法，可以考虑从第二次和第三次频率值中得到双采样方差，这是中间数据的阿伦方差。最后一个阿伦方差依赖于其他两个阿伦方差，导致三个阿伦方差的平均值不是三个自由度的卡方分布，否则就会出现相对自由度的卡方分布。同时，自由度的数量依赖于噪声的类型，如白噪声、闪烁噪声和其他类型噪声。

首先介绍卡方分布的一些概念。采样阿伦方差服从下面的卡方分布：

$$\chi^2 = \frac{df \times s^2}{\sigma^2} \tag{3.33}$$

式中，s^2 为采样阿伦方差；χ^2 为卡方分布；df 为自由度；σ^2 为无法精确估计的阿伦方差真值。

卡方分布的概率密度为

$$\rho\left(\chi^2\right) = \frac{1}{2^{df}\,\Gamma\!\left(\dfrac{df}{2}\right)}\left(\chi^2\right)^{\frac{df}{2}-1}\,\mathrm{e}^{\frac{-\chi^2}{2}} \tag{3.34}$$

式中，$\varGamma\left(\dfrac{\mathrm{d}f}{2}\right)$ 为 γ 函数，公式为

$$\varGamma\left(t\right)=\int_0^\infty x^{t-1}\mathrm{e}^{-x}\mathrm{d}x \tag{3.35}$$

卡方分布对于确定方差和标准差的置信区间是十分有用的。例如，假定采样阿伦方差 $s^2=3.0$ 并且自由度 $\mathrm{d}f=10$。如果想知道在 $s^2=3.0$ 的哪个范围内最有可能包含真值 σ^2，希望的置信区间是 90%，真值有 10% 的可能性会超出这个规定范围。最常用的方法是 5% 分配给低端误差，5% 分配给高端误差，90% 留在中间，这是随意确定的，针对不同问题有不同的分法。查看卡方分布的图像，可以发现对于 $\mathrm{d}f=10$，5% 和 95% 卡方分布为

$$\chi^2\left(0.05\right)=3.94 \tag{3.36}$$

$$\chi^2\left(0.95\right)=18.3 \tag{3.37}$$

因此，计算出的 s^2 有 90% 的可能性满足式（3.38）：

$$3.94\leqslant\frac{\mathrm{d}f\times s^2}{\sigma^2}\leqslant18.3，\ 1.64\leqslant\sigma^2\leqslant7.61 \tag{3.38}$$

或者平方根满足

$$1.38\leqslant\sigma\leqslant2.76 \tag{3.39}$$

从式（3.39）可知，σ^2 的真值以 90% 概率落在区间内，但这一点存在一些歧义，有的观点不同意式（3.39）的形式。这些说法既不能判断为正确，也不能判断为错误，只是服从一定概率的假定。实际上，式（3.39）基于真值是未知的思想，用 s^2 的平方根估计真值。这个采样阿伦方差是一个随机变量，其值满足式（3.39）。

采样方差由数据样本通过式（3.40）得到：

$$s^2=\frac{1}{N-1}\sum_{n=1}^{N}\left(x_n-\overline{x}\right)^2 \tag{3.40}$$

若 x_n 是随机不相关，也就是白噪声，其中 $\overline{x}$ 是由相同的数据集计算得来的采样点的平均值，那么 s^2 符合卡方分布，有（$N-1$）个自由度。

因此，对于随机的 x_n 和常规的采样阿伦方差（式 3.40）的情况，自由度为

$$\mathrm{d}f=N-1 \tag{3.41}$$

3.2.5　数据的有效利用和自由度的确定

1. 数据的使用方法

考虑对两个振荡器进行相位比较并获得 N 个相位差测量值。如果在相等的时

间间隔 τ_0 内进行测量，从 N 个相位值中，可以获得（N-1）个相邻时间的平均频率值，从这些值中计算出对于 $\tau = \tau_0$ 的（N-2）个单独的采样阿伦方差。如果不考虑自由度的问题，将（N-2）个值平均后得到 $\tau = \tau_0$ 时阿伦方差的估计值（张敏，2008）。

数据迭代计算阿伦方差如图 3.23 所示。相同的数据，可以用三种算法计算基本采样时间的整数倍时间 $\tau = n\tau_0$ 的阿伦方差，出现重叠采样阿伦方差的可能性是很大的。这三种算法中只有第三种算法的采样阿伦方差个数最多，第三种算法中，对于 N 个数据点的序列，在 $\tau = n\tau_0$ 时，可以有（N-n）个采样阿伦方差。当然，只有一部分方差是独立的，可以证明，对这三种算法，所有数据都被充分使用了。

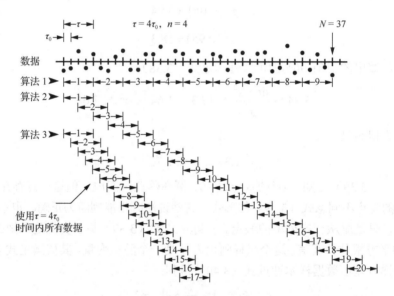

图 3.23　数据迭代计算阿伦方差

由于测量的目的在于尽可能精确地用低的不确定度来估计"真"阿伦方差。既然要得到更多有效的数据，其代价会很大，最有效的方法是计算所有得到的给定采样时间 τ 的阿伦样本方差的平均值。

这种估计带来的一个问题就是置信区间到底有多大，也就是估计的自由度问题。很明显，如果把置信区间估计得太长，就需要更多的数据来达到特定的置信度，代价将会很大，特别是对于采样时间为几周的实验，带来的成本将是无法估计的。事实上，对大多数有效数据进行最符合现实的置信度估计，就是本小节要介绍的内容。

2. 自由度的确定

原则上，可以确定一个与式（3.35）相符合的等式。然而，这种分析很复杂，对相位白噪声、频率白噪声和频率随机游走噪声有固定的计算处理程序；对于频率闪烁噪声和相位闪烁噪声，只有经验估计的方法。由于计算处理程序的复杂性，用经验方法可以满足对应五种噪声类型的计算。

使用的方法是基于符合卡方分布的三个等式：

$$\frac{x^2}{\mathrm{d}f} = \frac{s^2}{\sigma^2} \tag{3.42}$$

$$\mathrm{E}\left[X^2\right] = \mathrm{d}f \tag{3.43}$$

$$\mathrm{Var}\left[X^2\right] = 2(\mathrm{d}f) \tag{3.44}$$

式中，$\mathrm{E}\left[X^2\right]$ 为 X^2 期望值，或是 X^2 的均值；$\mathrm{Var}\left[X^2\right]$ 为 X^2 的方差；$\mathrm{d}f$ 为自由度。

用计算机模拟长度为 N 的相位数据序列，则 $\tau = n\tau_0$ 的阿伦方差适合所有可能的采样。实验使用同一个幂律谱模型，至少重复模拟 1000 次，每次模拟相同的数据长度 N。由于数据采用计算机仿真，阿伦方差真值是已知的，可以代入式（3.42）中。从 s^2/σ^2 的 1000 个值中，可以获得分布和采样方差。实验得到的分布和理论分布进行比较，可判断观察得到的分布是否符合卡方分布。

根据式（3.42）～式（3.44），可以推出自由度的计算公式：

$$\mathrm{d}f = \frac{2\left(\sigma^2\right)^2}{\mathrm{Var}\left(s^2\right)} \tag{3.45}$$

其中，$\mathrm{Var}\left(s^2\right)$ 是由阿伦方差均值的 1000 个采样方差估计的，每个 $\mathrm{Var}\left(s^2\right)$ 由 N 个数据长度的相位数据序列得到。

对于五种不同噪声类型，改变 N 和 n 的值，重复进行实验。可以用某些确定的值，对这种方法进行检验。例如，当 $(N-1)/2 = n$，只能从每个数据序列得到一个阿伦方差，根据式（3.44），只能得到一个自由度，与实际实验结果相符。对于 $n=1$，实验条件与 Lesage 和 Audoin 曾经应用过的条件相对应（Audoin et al.，2001），当采用常规的方差估计时，这个方法与式（3.41）的结果一致。因此，将式（3.45）与 Lesage 和 Audoin 计算出的阿伦方差的等式结合起来，得到五种噪声的自由度计算公式，如表 3.5 所示。

表 3.5　五种噪声的自由度计算公式

噪声类型	自由度计算公式
相位白噪声	$\mathrm{d}f = \dfrac{18(N-2)^2}{35N-88}$,　$N \geqslant 4$
频率白噪声	$\mathrm{d}f = \dfrac{2(N-2)^2}{3N-7}$
相位闪烁噪声	—
频率闪烁噪声	$\mathrm{d}f = \dfrac{2(N-2)^2}{2.3N-4.9}$
频率随机游走噪声	$\mathrm{d}f = N-2$

对于 $n=1$，它的结果并不是每次都一致，因此表 3.5 没有列出相位闪烁噪声。不一致的原因在于最适合的值与所选"实验的"结果不一致。适合"实验"数据的实验计算公式和已知值总结如下，五种噪声自由度实验值的计算公式如表 3.6 所示。

表 3.6　五种噪声自由度实验值的计算公式

噪声类型	自由度实验值的计算公式
相位白噪声	$\mathrm{d}f = \dfrac{(N+1)(N-2n)}{2(N-n)}$
频率白噪声	$\mathrm{d}f = \left[\dfrac{3(N-1)}{2n} - \dfrac{2(N-2)}{N}\right]\dfrac{4n^2}{4n^2+5}$
相位闪烁噪声	$\mathrm{d}f = \exp\left\{\ln\left(\dfrac{N-1}{2n}\right)\ln\left[\dfrac{(2n+1)(N-1)}{4}\right]\right\}^{\frac{1}{2}}$
频率闪烁噪声	$\mathrm{d}f = \begin{cases} \dfrac{2(n-2)^2}{2.3N-4.9}, & n=1 \\ \dfrac{5N^2}{4n(N+3n)}, & n \geqslant 2 \end{cases}$
频率随机游走噪声	$\mathrm{d}f = \dfrac{N-2}{n}\dfrac{(N-1)^2 - 3n(N-1) + 4n^2}{(N-3)^2}$

需要对实验值与真值的符合程度进行估计。在 $n=1$ 和 $n=(N-1)/2$ 等式有近似正确的渐进行为。在此区间，N 为 5 和 1025 时，仿真结果 n 也随之改变。通常，只有很小程度的不匹配，有可能是随机数发生器的分布问题，为验证这个问题，如果对三种类型的噪声用蒙特卡罗方法进行模拟，会实现更优的符合度。

3.3　时域分析处理实例

本节对一台商业铷原子钟的时间进行分析，将该铷原子钟与铯原子钟进行比较。扣除频率后两台钟的时间偏差如图 3.24 所示。该曲线扣除的平均频率为 4.01×10^{-13}。运用 3.2 节中描述的方法，可以得到铷原子钟输出信号的频率稳定度 $\sigma_y(\tau)$，如图 3.25 所示。

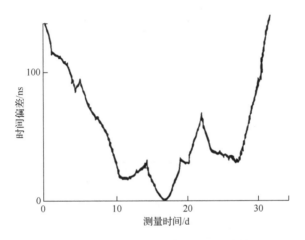

图 3.24　扣除频率后两台钟的时间偏差

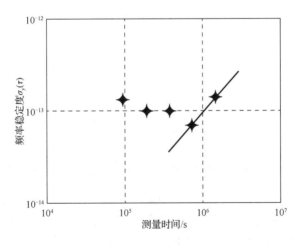

图 3.25　铷原子钟输出信号的频率稳定度

扣除频率漂移后两台钟的时间偏差如图 3.26 所示，扣除频率漂移后铷原子钟输出信号的长期频率稳定度如图 3.27 所示。从 33d 的数据得知，使用 90%的置信区间估计频率稳定度，与频率白噪声的 $4.4 \times 10^{-11} \tau^{-2}$ 相符合，这是此类铷原子钟频率稳定度的典型表现形式。

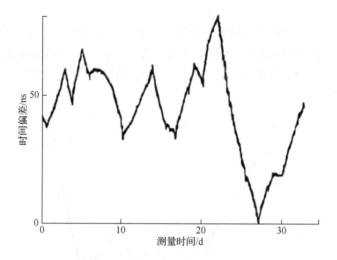

图 3.26　扣除频率漂移后两台钟的时间偏差

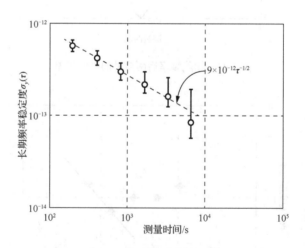

图 3.27　扣除频率漂移后铷原子钟输出信号的长期频率稳定度

随后，对电源等周围环境进行了测试。铷原子钟长期频率稳定度测试结果如图 3.28 所示，此图为标准钟在一个安静环境中放置大约一个星期后的测试结果。与先前的数据相比，频率白噪声约降低至 1/4。这些研究是很有价值的，说明电源等周围环境对铷原子钟性能是有影响的。

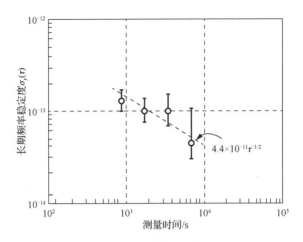

图 3.28　铷原子钟长期频率稳定度测试结果

参 考 文 献

郭海荣, 2006. 导航卫星原子钟时频特性分析理论与方法研究[D]. 郑州: 解放军信息工程大学.

李雨薇, 刘娅, 李孝辉, 等, 2011. 基于 TSC MMS 的远控精密测频系统设计[J]. 宇航计测技术, 31(5): 24-29.

阳丽, 2012. 采用频差倍增法的高精度时域频率稳定度测量仪的研制[D]. 武汉: 武汉理工大学.

张敏, 2008. 原子钟噪声类型和频率稳定度估计的自由度分析与探讨[D]. 西安: 中国科学院研究生院(国家授时中心).

赵亮, 2011. 高精度频率稳定度测量仪的设计和实现[D]. 西安: 西安电子科技大学.

AUDOIN C, GUINOT B, 2001. The Measurement of Time: Time, Frequency, and the Atomic Clock[M]. Cambridge: Cambridge University Press.

BABITCH D, OLIVERIO J, 1974. Phase noise of various oscillators at very low Fourier frequencies[C]. 28th Annual Symposium on Frequency Control. IEEE, Atlantic, USA: 150-159.

HOWE D, ALLAN D W, BARNES J A, 2000. Properties of oscillator signals and measurement methods[R]. Boulder: National Institute of Standard and Technology.

LEVINE J, 1999. Introduction to time and frequency metrology[J]. Review of Scientific Instruments, 70(6): 2567-2596.

RILEY W J, 2007. Handbook of Frequency Stability Analysis[M]. Washington D C: NIST Special Publication 1065.

SULLIVAN D B, 2001. Time and frequency measurement at NIST: The first 100 years[C]. Frequency Control Symposium and PDA Exhibition, Proceedings of the 2001 IEEE International, Seattle, USA: 4-16.

第4章　稳定度频域测量与时域转换

由于各种噪声干扰，频率源产生的频率会偏离其频率标称值，而频域测量可以测量频率源输出频率的频谱分布。本章对频域测量的主要方法和设备进行分析，讨论频率稳定度的时域表征和频域表征的关系，从理论和实际例子说明两者相互转化的方法。

4.1　稳定度频域测量方法

由于各种误差的存在，频率源只能输出接近频率标称值的信号。频率源输出信号的质量是衡量频率源性能的重要参数。通常用第 3 章介绍的阿伦方差和本章介绍的相位噪声来表征。

4.1.1　频谱分析

在频域中，描述信号源中噪声的方法是频谱分析。为了说明这种方法，先分析图 4.1 所示的波形（Howe et al.，2000；Sullivan et al.，1990）。受到瞬时干扰的正弦波如图 4.1 所示，干扰称为"短时脉冲波形干扰"。这个正弦波频率标称值为 υ_0（$\upsilon_0 = 1/T$）。噪声使得瞬时频率和频率标称值有很明显的不同。

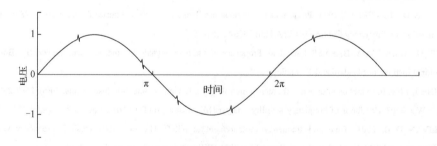

图 4.1　受到瞬时干扰的正弦波

如果从图 4.1 所示波形中减去标准正弦波，则剩下部分为噪声，扣除正弦波后的瞬时干扰正弦波如图 4.2 所示，可以看到在噪声存在的时间段以外，振幅接近于零。

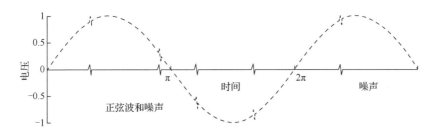

图 4.2　扣除正弦波后的瞬时干扰正弦波

　　噪声是由多种频率组成。对于任一给定信号，可以画出该信号的均方根功率和频率关系图，称为功率谱。对图 4.1 所示的波形，功率谱会在频率标称值处有很高的峰值，在小干扰频率处则出现较小峰值。进一步分析可知，这些是一个可知的、并有着固定重复速率的短时脉冲。事实上，假定有另一个一定功率的信号，该信号的周期是如图 4.2 所示的干扰信号的周期，干扰信号的频率用 υ_s 表示。干扰信号的存在使得频谱在 υ_s 点有较大的幅度，形成毛刺。归一化处理后，受到瞬时干扰的正弦波功率谱如图 4.3 所示，由图可见功率谱在 υ_s 处有一个突起。

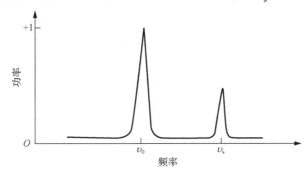

图 4.3　受到瞬时干扰的正弦波功率谱

　　噪声会使瞬时频率在 υ_0 附近抖动，有可能高于 υ_0，也可能低于 υ_0，归一化处理后，被噪声展宽的频谱如图 4.4 所示。

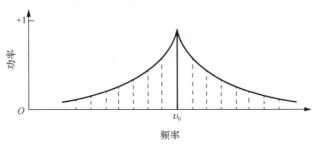

图 4.4　被噪声展宽的频谱

　　将一个信号分解成不同频率的过程称为傅里叶变换。所有傅里叶频率处的分量相加就可以复原成原始信号。傅里叶频率为频率与基准频率的差值。功率谱归一化使得曲线下的总面积为 1，对功率谱归一化得到功率谱密度。

　　信号 $V(t)$ 的功率谱有时也称射频谱，在很多行业得到广泛应用。通常情况下，如果给定一个功率谱，并不能确定不同傅里叶频率处的功率谱到底是由振幅波动 $a(t)$ 还是相位波动 $\phi(t)$ 引起的。功率谱分成两个独立的谱，其中一个是 $\phi(t)$ 的谱密度。

　　由 $S_{\phi}(f)$ 表示相位起伏功率谱密度，其中 f 是傅里叶频率（振幅功率谱密度小到可以忽略的程度，均方值远远小于 rad^2，从而射频谱的形状几乎与相位谱密度相同）。

　　相位谱密度和射频谱密度最主要的一个区别是射频谱密度包括基波信号（载波），而相位谱密度没有基波信号。另一个区别是射频谱密度是功率谱密度，测量单位是 W/Hz，相位谱密度不包括电信号 "能量" 的测量，它的单位是 rad^2/Hz。通常在使用中，也可以把 $S_{\phi}(f)$ 当作一个功率谱密度，这是因为在实际测量中，是让 $V(t)$ 通过一个相位检波器，通过测量检波器的输出功率谱密度来测量相位谱密度。这个测量技术主要利用了小偏离的相关关系：

$$S_{\phi}(f) = \left[\frac{V_{\mathrm{rms}}(f)}{V_{\mathrm{s}}}\right]^2 \tag{4.1}$$

式中，$V_{\mathrm{rms}}(f)$ 为在傅里叶频率 f 处每赫兹中噪声电压的均方根；V_{s} 为比对的两个振荡器相位检波器的相位积分输出密度（V/rad）。下一节将介绍直接测量 $S_{\phi}(f)$ 的方法。

　　在很多应用中，振荡器的频率稳定度是需要关注的一个主要方面，因此需要分析频率随着相位波动的变化情况。因为正弦波的频率等于相位变化率，说明必须通过改变 $\phi(t)$ 的变化率来完成 t 时刻的频率 $\upsilon(t)$ 的改变，所以一个振荡器输出频率波动和相位波动是有关系的。总的相位 $\phi_{\mathrm{T}}(t)$ 的变化率记做 $\dot{\phi}_{\mathrm{T}}(t)$，则

$$2\pi\upsilon(t) = \dot{\phi}_{\mathrm{T}}(t) \tag{4.2}$$

其中，$\dot{\phi}_{\mathrm{T}}(t)$ 表示函数 $\phi_{\mathrm{T}}(t)$ 关于自变量 t 的微分数学运算。由式（2.3）和式（4.2）可得

$$2\pi\upsilon(t) = \dot{\phi}_{\mathrm{T}}(t) = 2\pi\upsilon_0 + \dot{\phi}(t) \tag{4.3}$$

整理得

$$2\pi\upsilon(t) - 2\pi\upsilon_0 = \dot{\phi}(t) \tag{4.4}$$

或

$$\upsilon(t) - \upsilon_0 = \frac{\dot{\phi}(t)}{2\pi} \tag{4.5}$$

式中，$\upsilon(t) - \upsilon_0$ 为 t 时刻的频率变化量，用 $\delta\upsilon(t)$ 表示。式（4.5）表明，对相位波动 $\phi(t)$ 求导再除以 2π 可得到 $\delta\upsilon(t)$。比相对标称频率的偏差更方便的表示是用 $\delta\upsilon(t)$ 除以标称频率 υ_0，$\delta\upsilon(t)/\upsilon_0$ 表示 t 时刻的相对频率波动，用 $y(t)$ 表示，则有

$$y(t) = \frac{\delta\upsilon(t)}{\upsilon_0} = \frac{\dot{\phi}(t)}{2\pi\upsilon_0} \tag{4.6}$$

相对频率波动 $y(t)$ 是一个量纲为 1 的量。对于频率稳定度，通过下面的例子进一步说明。假设两个振荡器的 $\delta\upsilon(t)$ 都等于 1Hz，并在时间 t 内进行多次测量两个振荡器输出期望频率值的能力是否相同。如果一个振荡器的工作频率是 10Hz，而另一个是 10MHz，则是不相同的。在第一种情况下，相对频率波动为 1/10，第二种则为 1/10000000 或者 1×10^{-7}。显然，第二个 10MHz 的振荡器更精确。如果用理想电路进行分频或倍频，相对频率稳定度都不会改变。

在频域中，可以测量频率波动 $y(t)$ 的频谱。频率波动的频谱密度记为 $S_y(f)$，由一个振荡器的信号通过理想调频检波器，对输出电压进行频谱分析获得。$S_y(f)$ 的单位是 Hz^{-1}，对 $\phi(t)$ 求导后乘以 f/υ_0 得到频谱密度。进一步计算可得

$$S_y(f) = \left(\frac{f}{\upsilon_0}\right)^2 S_\phi(f) \tag{4.7}$$

式中，$S_\phi(f)$ 为相位起伏功率谱密度。对于以测量相位噪声为目的的测量，$S_\phi(f)$ 可以由一个简单的，容易复制的设备完成。通过相位波动或频率波动均可求得谱密度，两者转化公式为式（4.7）。

4.1.2 频域测量方法

对于一个带有噪声的振荡器，测量待测振荡器的相位相对于标称振荡器的相位波动，可使用松锁相法测试，松锁相法工作原理如图 4.5 所示。用参考振荡器对待测振荡器锁相，锁相环的存在保障了两个振荡器具有相同的频率。将两个 90° 相位差的信号混频，混频以后用一个低通滤波器滤波，过滤掉高频部分，得到需要的基带信号。当把两个信号的相位差设置成 90°，短时间内待测振荡器与参考振荡器之间的相位波动将表现为混频后电压的波动（Mirzaei et al.，2010；Hajimiri et al.，2002）。

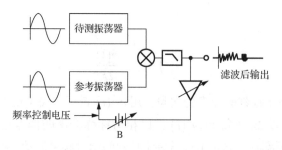

图 4.5　松锁相法工作原理

降低锁相放大器的增益，可以将伺服时间变长，锁相环滤波器的带宽将会变小。这种做法的目的是将调相谱转变成基带谱，从而在低频谱分析器中很容易测量。使用锁相环滤波器，参考振荡器的性能至少需要与待测振荡器一致。因为锁相环的输出包含两振荡器的噪声，如果不慎重选择的话，参考振荡器的噪声将会被当作待测振荡器的噪声。通常，参考振荡器和待测振荡器类型相同，因此它们有近似的噪声，也可以通过测量两个振荡器的噪声和来对其中一个振荡器的噪声进行估计，通常假定待测振荡器的噪声功率谱是测量功率谱的一半。$S_\phi(f)$ 为表征偏离频率标称值 f 处 1Hz 带宽的谱密度。锁相环滤波器输出必然是两个振荡器的噪声和。超出锁相滤波器环路带宽的傅里叶频率处的输出电压也代表参考振荡器和待测振荡器相位波动，因此最好是使环路时间常数大于需要测量的最低傅里叶频率的倒数，即

$$\tau_c > \frac{1}{2\pi f\,(\text{lowest})} \tag{4.8}$$

式中，$f(\text{lowest})$ 为最低傅里叶频率。如果测量低至 1Hz 的 $S_\phi(f)$，那么环路时间常数必须长于 $1/(2\pi)$ s，可以通过干扰该环路实现。最简单的方法是断开环路电源，记下系统达到最终控制电压 70% 所花费的时间来分析环路时间常数。进行这种测量，需要将混频器的输出信号输入频谱分析仪，可能需要在频谱分析仪前加一个前置放大器。

在预先选定傅里叶频率 f 后，用谱分析仪确定通过谱分析的均方电压带宽。通常把结果归一化至 1Hz 带宽。对于相位白噪声，可以用均方电压除以分析器的带宽得到。对其他噪声也有类似的办法。在大多数分析仪中，相位噪声边带电平的单位通常被表示为 $\text{V/Hz}^{1/2}$。

频域测量还有一种紧锁相环方法，在本质上与图 4.5 所示的松锁相法大致相似，但这里的锁相环是处于一种紧锁相状态。也就是说，这个环的响应时间比采样时间短，通常是几毫秒。这种情况下，对相位波动积分，时间比环的响应时间

长，因此电压输出与两个振荡器的频率波动成比例，而不再与相位波动成比例。使用这种方法，每秒测量的灵敏度可以达到 10^{-14}，精确度非常高。

4.1.3　频域稳定度测量常用设备

1.　低噪声混频器

低噪声混频器是一个高质量双平衡结构，如图 4.6 所示。振荡器信号 A、B 输入到混频器时，两个输入端口应该有很好的隔离以避免混频器的两个输入端口信号的耦合。需要注意防止混频器的输入功率超过最大值，使输入信号接近混频器允许输入的最大值，以获得较高的信噪比，在这种情况下，混频器工作在饱和状态而不会被烧毁。

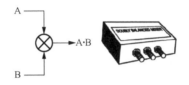

图 4.6　低噪声混频器

2.　低噪声直流放大器

环路放大器的增益 A_v 依赖于混频器输出的振幅和参考振荡器中变容二极管的控制量。一般情况下，使用很小的增益就可以将环路锁定，但有时可能需要 80dB 的增益才能锁定环路。大多数信号源有很好的低噪声直流放大器，使用级联的放大器，每一级都会附加噪声，第一级的噪声对待测信号的影响最大。

40dB 增益的放大器原理如图 4.7 所示，此放大器可以作为第一级放大器。很多制造商可以提供具有较好的低噪声性能的放大器。在直流到待测的最高傅里叶频率范围内，放大器具有平坦的响应。锁相环时间常数与增益 A_v 成反比。

3.　压控晶体振荡器

作为参考振荡器的压控晶体振荡器，其性能优于待测振荡器。变容二极管能够维持参考振荡器的锁定。一般情况下，低质量的待测振荡器也要求变容二极管可以维持每伏特 1×10^{-6} 的相对频率变化。同时，需要对参考振荡器做一些调整，以防止平均频率超过锁相频率的测量范围。选择参考振荡器要考虑很多因素，比较简便的是将两个待测振荡器锁相在一起测量。通过这种方式，锁相环滤波器输出的噪声不会比待测振荡器噪声高出 3dB。如果不能确定两个振荡器的噪声是否相等，可以用三个振荡器测量，每次用两个，通过相互比较，确定噪声比平均值大的振荡器。

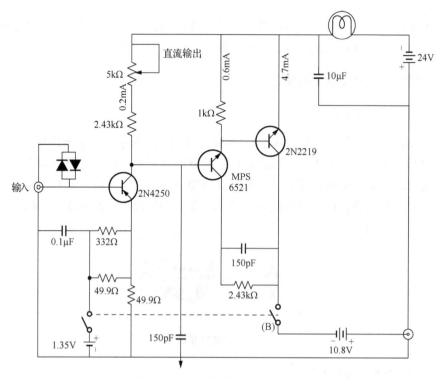

图 4.7　40dB 增益的放大器原理图

4. 频谱分析仪

典型的频谱分析仪可以在很窄的带宽内对电压的均方根进行测量。对于 10MHz 的载波，可以测得 50kHz 到很低范围的噪声。对于测量电压的分析仪，通常使用的单位为 V/Hz。频谱分析仪和其他任何与放大器输入有关的仪器都会出现高频截止，测量系统截止带宽 f_h 或 $\omega_h(\omega_h = 2\pi f_h)$ 是以电压下降 3dB 处的傅里叶频率为标准的，它可以采用可变的信号发生器直接进行测量（Hajimiri et al.，2002；Klimovitch，2000；Demir et al.，1998）。

测量有源滤波器或是放大器等设备的相位波动要比测量两个振荡器相位波动频谱密度更容易实现，只需要对现有锁相环滤波器进行微小修正。微分相位噪声测量装置如图 4.8 所示。

参考振荡器输出分成两路，其中一路信号通过待测设备。使通过混频器的两个信号保持 90° 相位差，因此两个输入端的相位波动引起输出的电压波动。电压波动可以用频谱分析仪在各傅里叶频率处测得。

为了估计测量系统中的固有噪声，可以增加待测设备，另设置一个通道补偿混频器中振幅和相位的变化。锁相环滤波技术需要改为微分相位噪声技术以测量测量系统的固有噪声。在进行测量前，一般需要对测量系统的固有噪声进行评估。

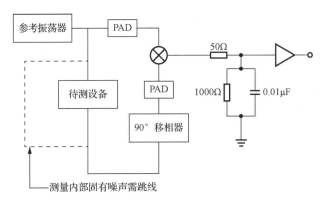

图 4.8　微分相位噪声测量装置

频域测量设备如图 4.9 所示，与混频器输出端相连的低通滤波器的元器件参数是针对 5MHz 的振荡器设计的。

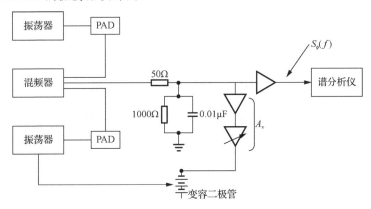

图 4.9　频域测量设备

4.2　稳定度频域表征及分析方法

在频域里，频率源的频率稳定度用相位噪声表示。相位噪声可用相位谱密度 $S_{\phi}(f)$ 或者相对频谱密度 $S_{y}(f)$ 表示，根据谱密度随傅里叶频率的变化规律，对振荡器噪声进行分类（Hajimiri et al.，2002；Klimovitch，2000）。

4.2.1　频域稳定度分析的例子

谱分析仪输入端的电压变化相当于短期相位波动：

$$S_{\phi}\left(f\right)=\left[\frac{V_{\mathrm{rms}}\left(f\right)}{V_{\mathrm{s}}}\right]^{2} \tag{4.9}$$

式中，V_s 为用 V/rad 表示的混频器输出相位灵敏度，采用前面提到的测量设备配置，V_s 可以通过断开到参考振荡器的变容二极管的反馈环路进行测量。如果混频后的输出信号是正弦波，峰值电压的变化率等于 V_s，在对 $S_\phi(f)$ 的测量中要实现这一点比较困难，这是因为必须对混频器的输入驱动电平进行严格控制，以获得较低噪声，这一点实现难度很大。因此，混频器的输出信号不是正弦波，灵敏度估计只能通过到零值的电压来获得。

$S_\phi(f)$ 测量值为

$$S_\phi(f) = 20\lg\frac{V_{\mathrm{rms}}}{V_s} \tag{4.10}$$

例如，给定一个双振荡器的锁相环，混频器的输出 V_s=1V/rad，在傅里叶频率 45Hz 处，$V_{\mathrm{rms}} = 100\mathrm{nV}/\mathrm{Hz}^{1/2}$。因此，在 45Hz 处的相位噪声为

$$S_\phi(45\mathrm{Hz}) = \left(\frac{100\mathrm{nV}/\mathrm{Hz}^{1/2}}{1\mathrm{V}/\mathrm{rad}}\right)^2 = \left(\frac{10^{-7}}{1}\right)^2 \mathrm{rad}^2/\mathrm{Hz} \tag{4.11}$$

用 dB 为单位表示为

$$S_\phi(45\mathrm{Hz}) = 20\lg\frac{100\mathrm{nV}}{1\mathrm{V}} = -140\mathrm{dB} \tag{4.12}$$

在这个例子中，锁相环路中振荡器的平均频率对计算 $S_\phi(f)$ 并不是必需的，然而，在 $S_\phi(f)$ 的应用中，平均频率 υ_0 是一个基本的信息。上面提到的例子中，υ_0 =5MHz。

$$S_\phi(45\mathrm{Hz}) = 10^{-14}\mathrm{rad}^2/\mathrm{Hz} \tag{4.13}$$

根据式（4.7），可以计算出 $S_y(f)$：

$$S_y(45\mathrm{Hz}) = \left(\frac{45}{5\times10^6}\right)10^{-14} = 8.1\times10^{-25}(\mathrm{Hz}^{-1}) \tag{4.14}$$

4.2.2　幂律谱噪声过程

幂律谱噪声过程是精密振荡器输出频率的噪声模型，其相位噪声在谱密度图中呈现不同的斜率，通常根据斜率将噪声过程分成五种类型。

（1）频率随机游走噪声：$S_\phi(f)$ 按照 f^{-4} 的规律变化；

（2）频率闪烁噪声：$S_\phi(f)$ 按照 f^{-3} 的规律变化；

（3）频率白噪声：$S_\phi(f)$ 按照 f^{-2} 的规律变化；

（4）相位闪烁噪声：$S_\phi(f)$ 按照 f^{-1} 的规律变化；

（5）相位白噪声：$S_\phi(f)$ 与频率变化无关。

幂律谱噪声由傅里叶频率的变化函数表征,式(4.7)给出了 $S_\phi(f)$ 与 $S_y(f)$ 的关系,根据 $S_y(f)$ 计算时域稳定度。

振荡器输出的谱密度通常为五种幂律谱噪声的组合,对噪声进行分类是非常必要的。对谱密度进行评估的首要工作就是确定一定傅里叶频率范围内的噪声类型。对一个振荡器,五种噪声有可能都存在,但一般情况,只有两种或者三种噪声是主要的。五种幂律谱噪声过程如图 4.10 所示,高性能振荡器的相位波动谱密度如图 4.11 所示。

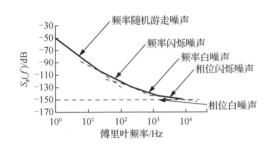

图 4.10　五种幂律谱噪声过程

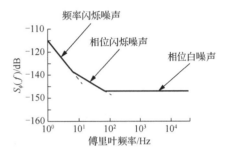

图 4.11　高性能振荡器的相位波动谱密度

4.3　时域和频域表征的转换

频率稳定度在时域用阿伦方差表征,在频域用功率谱表征,作为同一个量,阿伦方差和功率谱之间是一致的,可以相互转化(Hajimiri et al.,2002;Klimovitch,2000;Lance et al.,1977)。

4.3.1　时域和频域表征的转换方法

在介绍频域测量振荡器的 $S_\phi(f)$ 和 $S_y(f)$ 之后,分析如何将幂律谱噪声过程转化为时域稳定度,即双采样阿伦方差 $\sigma_y^2(\tau)$ 。

将谱密度数据转化为相对频率起伏功率谱密度 $S_y(f)$,这与幂律谱噪声过程对应,确定特定的幂律谱噪声过程需要在对数图上给定频率范围内的噪声系数和幅度两个量,噪声系数用 α 表示。需要注意的是,只有以对数图表示功率谱与频率关系时,其关系才会出现直线形式。幅度用 h_α 表示,该参数只是给定区间 f 内的系数。在相对频率起伏功率谱密度的对数图上,看到的是所有幂律谱噪声的叠加。

$$S_y(f) = \sum_{\alpha=-\infty}^{\infty} h_\alpha f^\alpha \tag{4.15}$$

这五种幂律谱噪声是精密振荡器经常出现的噪声过程，式（4.15）表明这五种噪声过程的 $S_y(f)$ 规律。五种幂律谱噪声过程的系数见表 4.1。

表 4.1　五种幂律谱噪声过程的系数

噪声过程	对数图上的斜率	噪声系数 α
频率随机游走噪声	f^{-2}	-2
频率闪烁噪声	f^{-1}	-1
频率白噪声	f^0	0
相位闪烁噪声	f^1	1
相位白噪声	f^2	2

五种幂律谱噪声过程时域和频域的转化系数见表 4.2。表 4.2 给出了从 $S_y(f)$ 和 $S_\phi(f)$ 向 $\sigma_y^2(\tau)$ 转化的转化系数，表中最左边一列是幂律谱噪声过程，使用中间一列，可以通过计算转化系数 a 和测量的时域稳定度数据获得 $S_y(f)$。使用表 4.2 中最右边一列，可以通过计算转化系数 b 和频域稳定度数据 $S_\phi(f)$ 获得时域稳定度 $\sigma_y^2(\tau)$。

表 4.2　五种幂律谱噪声过程时域和频域的转化系数

噪声系数 α [①]（噪声过程）	转化系数 a [②]	转化系数 b [③]
2（相位白噪声）	$\dfrac{(2\pi)^2\tau^2 f^2}{3f_h}$	$\dfrac{3f_h}{(2\pi)^2\tau^2 \upsilon_0^2}$
1（相位闪烁噪声）	$\dfrac{(2\pi)^2\tau^2 f^2}{1.038+3\ln(\omega_h\tau)}$	$\dfrac{[1.038+3\ln(\omega_h\tau)]f}{(2\pi)^2\tau^2\upsilon_0^2}$
0（频率白噪声）	2τ	$\dfrac{f^2}{2\pi\upsilon_0^2}$
−1（频率闪烁噪声）	$\dfrac{1}{2\ln 2 \times f}$	$\dfrac{2\ln 2 \times f^3}{\upsilon_0^2}$
−2（频率随机游走噪声）	$\dfrac{6}{(2\pi)^2\tau f^2}$	$\dfrac{(2\pi)^2\tau f^4}{6\upsilon_0^2}$

注：①计算公式：$S_y(f)=h_\alpha f^\alpha$；②计算公式：$S_y(f)=a\sigma_y^2(\tau)$；③计算公式：$\sigma_y^2(\tau)=bS_\phi(f)$。

时域和频域转换表是针对整数型幂律谱噪声过程的，$\omega_h=2\pi f b$ 是测量系统带宽，从直流到截止频率（f_h），测量的响应应该在 3dB 以内。

4.3.2　时频和频域稳定度转换实例

两个振荡器频率差的频谱如图 4.12 所示。对两个频率是 1MHz 的振荡器输出进行比较，有两种幂律谱噪声过程，从区域 1 可以看出，当 f 从 10Hz 到 100Hz

增加了 10 倍，$S_\phi(f)$ 从 10^{-11} 降低至 10^{-14}。因此，$S_\phi(f)$ 符合 f^{-3} 规律，据此分辨出区域 1 的噪声是频率闪烁噪声。由于 $S_\phi(f)$ 和 $S_y(f)$ 的 α 相差 2，根据表 4.2 的最右边一列可以由 $S_\phi(f)$ 计算 $\sigma_y^2(\tau)$：

$$\sigma_y^2(\tau) = \frac{2\ln 2 \times f^3}{\upsilon_0^2} S_\phi(f) \tag{4.16}$$

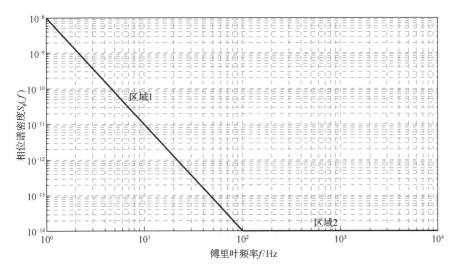

图 4.12　两个振荡器频率差的频谱

可以从图 4.12 中任意选取一个傅里叶频率并确定相应的 $S_\phi(f)$，如 $f=10\mathrm{Hz}$ 处的 $S_\phi(10)=10^{-11}$，由于 $\upsilon_0=1\,\mathrm{MHz}$，可以得到

$$\sigma_y^2(\tau) = \frac{2\ln 2 \times 10^3}{(1\times 10^6)^2} \times 10^{-11} = 1.39\times 10^{-20} \tag{4.17}$$

进一步，可以得到 $\sigma_y(\tau)=1.18\times 10^{-10}$。

区域 2 中的噪声是相位白噪声，$S_\phi(f)$ 与 $\sigma_y^2(\tau)$ 的关系为

$$\sigma_y^2(\tau) = \frac{3f_{\mathrm{h}}}{(2\pi)^2 \tau^2 \upsilon_0^2} S_\phi(f) \tag{4.18}$$

在傅里叶频率 $f=100\mathrm{Hz}$ 处，$S_\phi(100)=10^{-14}$，若截止频率 $f_{\mathrm{h}}=10^4\mathrm{Hz}$，可以得到

$$\sigma_y^2(\tau) = 7.59\times 10^{-24}\left(\frac{1}{\tau^2}\right) \tag{4.19}$$

可以得到，$\sigma_y(\tau) = 2.76\times 10^{-12}\left(\frac{1}{\tau}\right)$。

两个振荡器频率差的时域特征如图 4.13 所示。

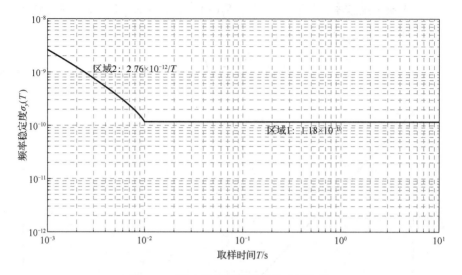

图 4.13 两个振荡器频率差的时域特征

频域稳定的另一个例子如图 4.14 所示，图 4.14 例子对应的时域特征如图 4.15 所示。其中，使用了表 4.2 中时域和频域表征的转换系数，需要注意的是，图 4.14 中给出的是 $S_y(f)$。

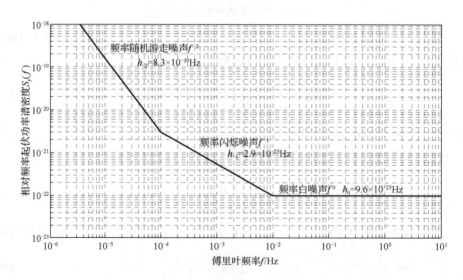

图 4.14 频域稳定的另一个例子

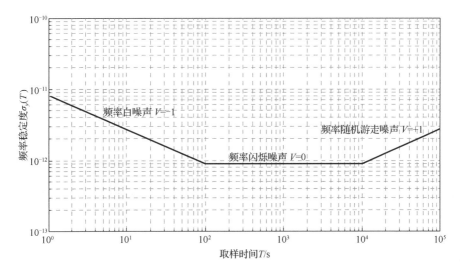

图 4.15 图 4.14 例子对应的时域特征

V 表示频率稳定度的斜率

参 考 文 献

DEMIR A, MEHROTRA A, ROYCHOWDHURY J, 1998. Phase noise in oscillators: A unifying theory and numerical methods for characterization[J]. IEEE Transactions on Circuits & Systems I Fundamental Theory & Applications, 47(5): 655-674.

HAJIMIRI A, LIMOTYRAKIS S, LEE T H, 2002. Jitter and phase noise in ring oscillators[J]. IEEE Journal of Solid-State Circuits, 34(6): 790-804.

HOWE D, ALLAN D W, BARNES J A, 2000. Properties of oscillator signals and measurement methods[R]. Boulder: National Institute of Standard and Technology.

KLIMOVITCH G V, 2000. A nonlinear theory of near-carrier phase noise in free-running oscillators[C]. Third IEEE International Caracas Conference on Devices, Cancun, Mexico: 801-806.

LANCE A L, SEAL W D, MENDOZA F G, et al., 1977. Automating phase noise measurements in the frequency domain[C]. 31st Annual Symposium on Frequency Control, New Jersey, USA: 347-358.

MIRZAEI A, ABIDI A, 2010. The Spectrum of a noisy free-running oscillator explained by random frequency pulling[J]. IEEE Transactions on Circuits & Systems I Regular Papers, 57(3): 642-653.

SULLIVAN D B, ALLAN D W, HOWE D A, 1990. Characterization of clocks and oscillators[R]. Boulder: NIST Tech Note 1337.

第5章 时间频率信号数字化处理 与噪声分析

模拟信号数字化是时间频率信号测量的一个重要方向。在数字化过程中会引入新的噪声，如功率谱的混叠和泄漏等。本章将详细分析数字化过程及其引入的噪声。然后，对信号源中的幂律谱噪声和其他常见噪声产生的原因进行分析。

5.1 时间频率信号数字化

频率信号和时间信号都属于模拟信号，为了数字化处理，需要采用模数转换装置对模拟信号进行采样。在数字化过程中，会引入新的误差，本节介绍时间频率测量数据数字化中的常见误差及其处理方式。

5.1.1 模拟过程的数字化

数字化处理要求数据必须整理成为一批或者一个时间序列，在计算机中处理。在频率稳定度测量中，需要将代表频率差或者相位差变化的电压/电流信号转换成数字信号（Forman et al.，2001；Howe et al.，2000）。

数字化过程是将连续的波形转化为离散数字的过程，用模数转换器（analog-to-digital converter，ADC）实时完成，ADC 有三个主要因素：转换时间、分辨率（量化的不确定度）、线性度。ADC 在相等的时间间隔 T 内对输入波形进行采样。模拟信号与数字信号转换如图 5.1 所示。

理想情况下，ADC 的输出是信号波形与图 5.1 中所示的等间隔单位高度无限窄脉冲之间的乘积，可以得到

$$y_s(t) = y(t)\delta(t-T) = y(T)\delta(t-nT) \tag{5.1}$$

式中，$\delta(t-T)$ 为单位冲激函数，如果 $y(t)$ 在 $t=nT$（$n=0,1,2,\cdots$）处连续，则

$$y_s(t) = \sum_{n=-\infty}^{\infty} y(nT)\delta(t-nT) \tag{5.2}$$

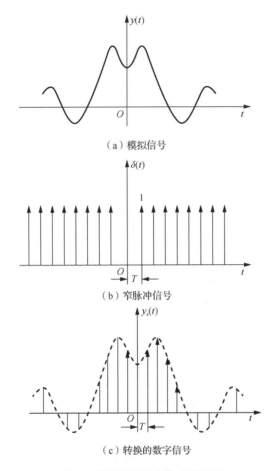

（a）模拟信号

（b）窄脉冲信号

（c）转换的数字信号

图 5.1　模拟信号与数字信号转换

在后面的讨论中，用冲激函数来表示采样波形的形式非常有用。

在 ADC 中，输入信号在各间隙时间内采样并转换成数字信号，采样和处理需要的时间被称作转换时间，这是一个给定精度采样完全完成所需的总时间。如果 $y_s(t)$ 是连续过程 $y(t)$ 的理想离散形式，则用 $y'_s(t)$ 表示的 ADC 的输出为

$$y'_s = y_{s-d} \pm \varepsilon \left(\frac{\mathrm{d}y}{\mathrm{d}t} \right) \tag{5.3}$$

式中，d 为转换时间；$\varepsilon \left(\dfrac{\mathrm{d}y}{\mathrm{d}t} \right)$ 为准确度的误差，是 $y(t)$ 变化率的函数。一般情况下，d 和 ε 是矛盾的。例如，一般的 10 位 ADC，在 d 为 10μs 时，ε 最大误差是 3%，而当转换时间增加到 10μs 时，最大误差减小到 0.1%。

对于转换后进行数字滤波和谱分析处理的情况，由转换时间 d 导致的误差可

以忽略不计，但在进行如数字伺服环等对快变误差进行改正的实时处理时，转换时间是必须考虑的因素。

如果 ADC 需要在采样的间隙时间对电容充电，转换时间引起的误差将会有一部分依赖于信号的变化速率，即 dy/dt，主要原因是充电电路只能在有限的转换时间内工作，并且采样的间隙时间也是不确定的。例如，如果转换时间是 0.1ns，考虑通过 0.1Ω 电阻对 $0.001\mu F$ 电容充电，对于 dy/dt =1V/μs 速率的信号来说，由充电电路引起的误差是 0.1%，如果改善电路设计，这部分误差会更小。间隙时间不确定的主要原因是逻辑门延迟的抖动，一般间隙不确定度是 2～5ns，这意味着对于 dy/dt =1V/μs 速率的信号，会造成 2～5mV 的不确定度。因为 $\varepsilon\left(\dfrac{dy}{dt}\right)$ 直接与信号变化速率有关，对于频率越高的 $y(t)$，转换误差越大。对于一般的 ADC，如果信号变化速率 $dy/dt < 0.2$V/μs，这部分误差小于 0.1%。

连续过程 $y(t)$ 被 n 位转化器离散化成 2^n 的离散区间，在给定区间内的所有值都用同样的数字编码代替，通常给出中间值，表明最低有效位（least significant bit, LSB）是附加的另一项量化不确定度。例如，一个十位的 ADC 只有 1024 个离散的区间，最小位表示满尺度的 0.1%，量化的不确定度约为 0.05%。

将数字系统的动态范围定义为在溢出之前能处理的最大值与能分辨的最小值之比，在对数据进行数字化的过程中，动态范围被定义为量化不确定度，噪声模糊度小于 LSB 时，动态范围是 2^n:0.5LSB，即使这种噪声条件经常是不存在的。例如，10 位的 ADC 系统的动态范围是 2^{10}，或 2048:1，用分贝数表示是为 $20\lg 2048 = 66.2$（dB）。

当提到电压数字转换器时，线性度指的是电压与数字转换关系与直线的近似程度，如果出现非线性，电压与数字转换关系就会偏离直线。通常要求非线性小于有限字长。

5.1.2　数字化过程中的混叠

图 5.1 说明，连续过程 $y(t)$ 的等间隔采样，对高频信号，需要足够高的采样率描述信号的信息，但是采样率太高会增加处理的负担。在降低采样率的情况下，由于可能丢失整数个周期，采样值既可以代表低频信号，又可以代表高频信号，产生混叠现象，在对有多个频率的信号进行分析时就会出现误差。

如果两次采样的时间间隔是 T，采样率就是 $1/T$，$y(t)$ 的采样数据中有用的频率只有 0～1/(2T)Hz，高于 1/(2T)Hz 的频率信号将被"折叠"进 0～1/(2T)Hz，两种数据就会混淆。可以定义截止频率 f_s 为

$$f_s = \frac{1}{2T} \tag{5.4}$$

用卷积定理简单说明混叠现象。卷积定理表明时域相乘相当于频域卷积，时

域和频域构成傅里叶变换对。式（5.1）中 $y(t)$ 的傅里叶变换用 $Y(f)$ 表示，可得

$$Y(f) = \int_{-\infty}^{\infty} y(t) e^{-j2\pi ft} dt \qquad (5.5)$$

$$y(t) = \frac{1}{\sqrt{2\pi}} \int_{-\infty}^{\infty} Y(f) e^{j2\pi ft} df \qquad (5.6)$$

卷积的过程如图 5.2 所示。函数 $Y(f)$ 在图 5.2（a）中给出，$\delta(t)$ 的傅里叶变换 $\varDelta(f)$ 在图 5.2（b）中给出，图中是其离散形式，$\delta(t)$ 与 $\varDelta(f)$ 构成傅里叶变换对：

$$\varDelta(f) = \frac{1}{T} \sum_{n=-\infty}^{\infty} \delta\left(f - \frac{n}{t}\right) \qquad (5.7)$$

$$\varDelta(t) = \sum_{n=-\infty}^{\infty} \delta(f - nT) \qquad (5.8)$$

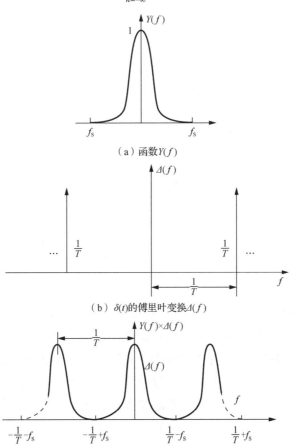

（a）函数 $Y(f)$

（b）$\delta(t)$ 的傅里叶变换 $\varDelta(f)$

（c）函数 $Y(f)$ 与 $\varDelta(f)$ 的卷积

图 5.2　卷积的过程

根据式（5.2），画出 $Y(f)$ 与 $\Delta(f)$ 的卷积如图 5.2（c）所示。可以看出，$Y(f)$ 在点 $f=n/T$ 处重复出现。在 $f=n/T$ 附近的高频数据信息也会折叠到 $[-f_s, +f_s]$。在计算功率谱时，会出现混叠现象。无混叠现象和混叠现象如图 5.3 所示。

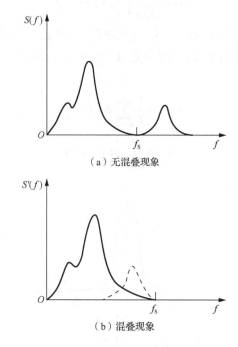

（a）无混叠现象

（b）混叠现象

图 5.3　无混叠现象和混叠现象

信息领域的两个先驱者，奈奎斯特（Nyquist）和香农（Shannon），给出了离散与连续系统的设计依据。对于一个有限带宽的连续过程 $y(t)$，其频率的上限 f_N，对于离散过程 $y_k(t)$，输入信号的最高频率不应超过 f_s，即

$$f_N \leqslant f_s \tag{5.9}$$

式中，f_s 由式（5.4）给出。式（5.9）就是香农极限公式。

实际上，不会出现在高于 f_N 的频率处没有信号或者噪声的情况，因为在 ADC 前的滤波器就是抑制高于 f_N 的频率成分，以减小折叠到感兴趣的低频段的信号，这就是抗混叠滤波器。一般要求在通带内具有低的纹波和常数的相位延迟，并具有陡峭的滚降特性。为了检验抗混叠滤波器的滚降特性，可以采用一个滤波器，信号通过滤波器后的输出频谱 $S_{out}(f)$ 等于输入信号的频谱乘以滤波器的频率响应。频域上，为矩形窗，即

$$S(f)\left[H(f)\right]^2 = S_{out}(f) \tag{5.10}$$

滤波器在小于 f_N 的频率处无衰减，在大于 f_N 的频率处有衰减以减小混叠噪声。数字化后，滤波器观测频谱 $S_{observed}(f)$ 应该是基带谱（f_N 以下）与所有叠加进基带的所有谱的合成：

$$
\begin{aligned}
S_{observed}(f) &= S_0(f) + S_{-1}(2(f_s - f)) + S_{+1}(2(f_s + f)) \\
&\quad + S_{-2}(4(f_s - f)) + \cdots + S_M(2M(f_s + f)) \\
&= S_0(f) + \sum_{i=-M}^{M} S_i(2i(f_s + f))
\end{aligned}
\tag{5.11}
$$

式中，M 取合适的极限值。

对于给定的上限截止频率 f_c 以外的地方，抗混叠滤波器应该尽可能地衰减，以满足数字化的精度要求。n 阶低通滤波器的响应函数为

$$
H(f) = \frac{1}{1 + j\left(\dfrac{f}{f_c}\right)^2}
\tag{5.12}
$$

输出信号频率为

$$
S_{out}(f) = \frac{S(f)}{1 + \left(\dfrac{f}{f_c}\right)^{2n}}
\tag{5.13}
$$

采样后，根据式（5.11），式（5.13）可表示为

$$
S_{out}(f) = \frac{S_0(f)}{1 + \left(\dfrac{f}{f_c}\right)^{2n}} + \sum_{i=-M}^{M} \frac{S_i\left(2i\left(f_s + \dfrac{1}{i}f\right)\right)}{1 + \dfrac{2i\left(f_s + \dfrac{1}{i}f\right)^{2n}}{f_c}}
\tag{5.14}
$$

如果 f_c 大于 f_N，滤波器对式（5.14）中等号右端第一项（基带谱）的影响可以忽略，这正是所期望的。主要引起误差的是等号右端第二项（混叠进基带的谱）。

用一个例子对混叠进行说明。在傅里叶频率 $f=400\text{Hz}$ 处的 1Hz 带宽内对噪声过程进行测量，测量使用数字谱分析仪。假定是白噪声过程，即

$$
S_n(f) = k_0
\tag{5.15}
$$

式中，k_0 是常数。

需要测量从 10Hz～1kHz 带宽的噪声，$f_N = 1\text{kHz}$，假定采样频率是 2kHz，即 $f_s = 2f_N$，如果要求观测频谱 $S_{observed}$ 具有 1dB 的误差和 60dB 的动态范围，则由混叠导致的误差不能超过 10^{-6}，式（5.14）中等号右端第二项必须减小到这个量级。

可以选择 f_c=1.5kHz，得到

$$S_{\text{out}}(f) = k_0 + \sum_{i=-M}^{M} \frac{k_0}{1 + \dfrac{2i\left(f_s + \dfrac{1}{i}f\right)^{2n}}{f_c}} \tag{5.16}$$

序列中贡献最大的项是 i=-1 项，这是最近的一个混叠量，这就要求衰减量是 10^6 或者更大，在 $n \geqslant 8$ 时能达到这个值。下一个最大项是 i=1，n=8 时误差小于 10^{-7}，这一项是可以忽略的。对于固定的 n，因为最近的一个混叠量（i=-1）被抗混叠滤波器衰减量减小，频率增加时误差也随之增大。对于 f=1kHz 达到最坏的情况，为达到标准，这时 n 应该大于 10。

5.1.3　谱分析与傅里叶变换

尽管毕达格拉斯、开普勒、伽利略等很早就提出了谐波的概念，但直到牛顿才第一次从数学上说明了波的运动。1807 年，傅里叶提出，任何实际变化的过程都可以用正弦函数和余弦函数的和表示，这个理论在 1822 年才出现在官方文件里。

利用傅里叶变换，可以分析周期的自然过程或信号，傅里叶分析要求信号具有固定的振幅、频率和初相。

20 世纪初，有两个相对独立的事件逐渐融合起来：①无线电电子学和动力学迅速崛起；②对非周期过程或事件的统计分析逐渐被人们所理解。无线电工程师通过谱分析仪测量负载中的电压和电流的频谱特征，统计学家研究确定过程和随机过程在不同时间的方差和自相关特性。维纳（Wiener）在 1930 年指出，一个过程的方差谱，即方差的傅里叶变换是其自相关函数，他也指出，方差谱与面积归一化以后的功率谱相同。Tukey 在 1949 年建议用方差谱对过程进行统计分析，原因如下：①它比相关函数更容易解释；②无线电工程师更容易测量。

19 世纪 50 年代，统计学应用广泛，并且计算机技术迅速发展，Blackman、Tukey 和 Welch 致力于使用离散的、在时间上平均采样的序列进行方差谱估计（Blackman et al.，1958），这种方法假定随机过程是遍历的。根据维纳定理，一些数字的方法使用相关函数估计方差谱，但由于使用离散数据、在时间上平均采样更加直接和方便，而遍历性是一般的假设，这种方法使用较多。

过程 $y(t)$ 的方差与总功率谱的关系为

$$\sigma^2\left[y(t)\right] = \int_{-\infty}^{\infty} S_y(f)\mathrm{d}f \tag{5.17}$$

加上零均值条件：

$$\sigma^2\left[y(t)\right] = \lim_{T \to \infty} \frac{1}{2T} \int_{-T}^{T} y^2(t)\mathrm{d}t \tag{5.18}$$

如果 $y(t)$ 是送到 1Ω 负载的电压或电流，$y(t)$ 的平均功率是在所有频率范围对频率进行积分得到的 $S_y(f)$，$S_y(f)$ 就是 $y(t)$ 的功率谱。功率谱曲线表明，方差如何随频率的变化而变化，用单位频率内的功率来表示，如果不考虑负载，可以用单位频率内的电压平方来表示。

使用模拟仪器直接测量功率谱的研究开展了很长时间，主要使用的设备有扫谱分析仪和谐波分析仪，这些设备共同具有的一个基本特征：线性系统输出的功率谱是输入乘以系统的频率响应函数，这一点通过式（5.10）可以看出。如果具有功率谱 $S_y(f)$ 的信号 $y(t)$ 送入频率响应是 $H(f)$ 的滤波器，输出功率谱为

$$S_{\text{filtered}}(f) = \left[H(f)\right]^2 S_y(f) \tag{5.19}$$

如果 $H(f)$ 在带宽内是矩形，就可以测量带宽内的 $S_y(f)$。

数字谱分析通过离散傅里叶变换实现，这是式（5.5）和式（5.6）所示的连续形式的修正。通过对输入波形 $y(t)$ 进行采样，采样点位置是 $n\Delta t$，根据式（5.2）的采样波形和式（5.5）可以得到

$$y(f) = \sum_{s=-\infty}^{\infty} y(st) e^{-j2\pi fsT} \tag{5.20}$$

式（5.20）是傅里叶频率的扩展版本，由于 $y(t)$ 是有限带宽的，这里计算的傅里叶变换与式（5.5）计算的精度是相同的，也不能超出式（5.4）里奈奎斯特频率的限制。

实际应用中，傅里叶变换不能无限扩展，由于受观测点 $n\Delta t$ 的总观测时间 T 所限制，得到的谱在频率上有 Δf 的不连续性：

$$\Delta f = \frac{1}{n\Delta t} = \frac{1}{T} \tag{5.21}$$

根据这个变化，得到离散的有限变换：

$$Y(m\Delta f) = \sum_{n=0}^{N-1} y_s(t) e^{-j2\pi m\Delta fsT} \tag{5.22}$$

离散傅里叶变换计算采样后的傅里叶序列，式（5.22）假定 $y(t)$ 每隔 T 时间重复一次，$Y(m\Delta f)$ 被称作线性谱。

在线性谱中，需要计算每个频率处的幅度和相位，也就是给定频率处的实部和虚部。时域的 N 点可以在频域组成 $N/2$ 个复数值。

$y(t)$ 的功率谱可以表示为复数形式，即线性谱实部和虚部的平方和，再除以总时间 T：

$$S_y(m\Delta f) = \frac{\text{Re}[Y(m\Delta f)]^2 + \text{Im}[Y(m\Delta f)]^2}{T} \tag{5.23}$$

$S_y(m\Delta f)$ 就是采样功率谱，同样假定过程 $y(t)$ 以周期 T 重复。

5.1.4　数字化过程中的泄漏

采样数字谱分析是通过对有限的一组数据进行分析计算，这组数据可以表示为连续过程 $y(t)$ 通过一个持续时间为 T 的窗（张慧君，2003；李孝辉，2000）：

$$y'(t) = w(t) \cdot y(t) \qquad (5.24)$$

式中，$w(t)$ 为时域窗。式（5.24）的离散形式为

$$y'_s(t) = w_s(t) \cdot y_s(t) \qquad (5.25)$$

式中，$w_s(t)$ 是 $w(t)$ 的离散形式，与式（5.2）采用同样的方式。式（5.25）可以看作频域的卷积：

$$Y'(m\Delta f) = W(m\Delta f) * Y(m\Delta f) \qquad (5.26)$$

式中，$Y'(m\Delta f)$ 为线性谱，因为它是原始的线性谱与时域窗函数的傅里叶变换的卷积。假定窗函数是矩形，即

$$w_s(t) = \begin{cases} 1, & \dfrac{-T}{2} \leqslant t \leqslant \dfrac{T}{2} \\ 0, & t > \left| \dfrac{T}{2} \right| \end{cases} \qquad (5.27)$$

矩形窗函数及其傅里叶变换如图 5.4 所示。

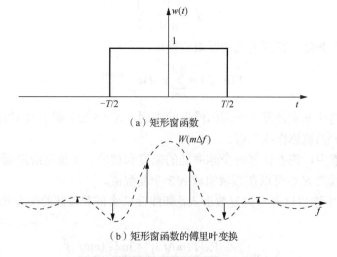

（a）矩形窗函数

（b）矩形窗函数的傅里叶变换

图 5.4　矩形窗函数及其傅里叶变换

矩形窗函数的傅里叶变换函数形式为

$$W(m\Delta f) = \frac{\sin(\pi m\Delta fNT)}{\pi m\Delta fNT} \qquad (5.28)$$

例如，如果 $y(t)$ 是正弦波，正弦波的谱是冲激函数，与 $W(m\Delta f)$ 进行卷积，就得到实际观测到的谱。对这个过程描述的另一种方式是，式（5.22）的转换过程可以认为是被采样的过程被进行了周期扩展，对采样波形的扩展如图 5.5 所示。在窗函数末端，会发生不连续现象。采样谱代表对待采样波形的周期扩展，与原始波形不同的是，在末端是不连续的。

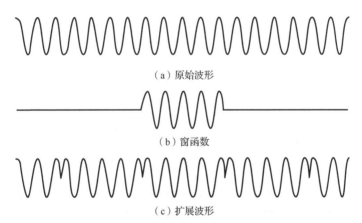

（a）原始波形

（b）窗函数

（c）扩展波形

图 5.5　对采样波形的扩展

在正弦谱附近的部分的伪谱被称为泄漏，泄漏是采样波形不连续的扩展所致，如图 5.5 所示。

泄漏不能完全消除，但可以通过选择合适的窗函数使其影响最小，这样做通常会使频域分辨率减小。对大部分情况适用的是汉宁窗：

$$w(t) = \frac{1}{2} - \frac{1}{2}\cos\left(\frac{2\pi t}{T}\right)^a \qquad (5.29)$$

其中，对于 $0<t<T$，a 是与窗口宽度有关的数，称为汉宁常数。汉宁窗频谱如图 5.6 所示。图 5.6 显示了不同汉宁常数对应的汉宁窗频谱，注意其消除了采样时间末端的不连续性。其中，曲线 A、B、C、D、E 分别代表汉宁常数取 0、1、2、3、4 的情况。

在每一个汉宁窗，变换后的旁瓣每隔一倍的频率，都被衰减了 12dB，主瓣宽度为 $2\Delta f$。当汉宁常数增大时，被截断的正弦波幅度的不确定度减小，但频域的分辨率减小。

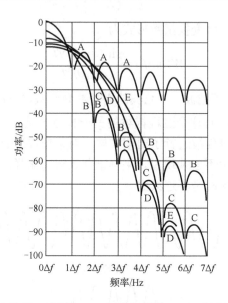

图 5.6　汉宁窗频谱

随滤波器的频域形式与实际的矩形滤波器不同,有效噪声带宽也随之变化。表 5.1 列出了三种汉宁窗的等效噪声带宽。

表 5.1　三种汉宁窗的等效噪声带宽

汉宁常数	等效噪声带宽
1	$1.5\Delta f$
2	$1.92\Delta f$
3	$2.31\Delta f$

5.2　信号源中噪声分析

从整体上来说,信号源的噪声共有五种,在频域分别表现出与频率的某次幂成正比的关系。由于频率的积分形成时间,时间信号的噪声和频率信号的噪声也呈现出积分关系,在幂率谱上分别表现出类似的特征。虽然对这五种噪声产生的原因尚有争议,但其特征基本清楚,本节介绍学术界基本认可的频率源噪声特征(李孝辉等,2010;Riley,2007;张慧君,2003)。

5.2.1　幂律谱噪声分析

第 4 章给出了五种常用的幂律谱噪声过程,根据 $S_\phi(f)$ 在对数图上直线斜率判断特定噪声过程，五种噪声的幂律谱噪声过程如图 4.10 所示。幂律谱噪声过程的主要特征如下。

（1）频率随机游走噪声（$1/f^4$）。因为这种噪声通常和载频非常接近，所以不容易测量。频率随机游走噪声通常和振荡器的物理环境有关，机械振动、摆动、温度或其他一些环境作用都会引起载波频率的随机抖动。

（2）频率闪烁噪声（$1/f^3$）。这种噪声产生的物理机制尚不十分清楚。一般认为，频率闪烁噪声和一个主动型振荡器的物理谐振装置、电子元件的设计或选择以及环境属性有关。这种噪声在一些高质量的振荡器里比较常见，在低质量的振荡器里这种噪声会被频率白噪声或相位闪烁噪声所掩盖。

（3）频率白噪声（$1/f^2$）。这种噪声类型在被动型的频率标准中比较常见，被动型振荡器包括锁定在其他设备的石英振荡器，表现出的特征更类似于高品质因数的滤波器。铯和铷频标通常都有着频率白噪声的特性。

（4）相位闪烁噪声（$1/f^1$）。这种噪声和振荡器的物理谐振部分有关，也会附加于一些电子线路的噪声上，这种噪声比较普遍，尤其是在高质量的振荡器中，放大器和倍频器都会引入相位闪烁噪声。通过设计的低噪声放大器、选择较好的晶体管和电子元件来降低相位闪烁噪声。

（5）相位白噪声（f^0）。这是一种宽带相位噪声，与谐振装置无关。相位白噪声和相位闪烁噪声产生的机制有些相似，放大器同样是相位白噪声的主要来源。采用一个好的放大器、在输出端加上一个窄带滤波器或者增加频率源功率，都可以使相位白噪声保持在较低的水平。

5.2.2　其他噪声分析

在信号源或者测量设备里经常遇到的一种噪声类型是交流电干扰，有些国家是 60Hz，有些国家是 50Hz。相位白噪声与交流电干扰的频谱如图 5.7 所示，图 5.7 显示了具有相位白噪声的源与 60Hz、120Hz、180Hz 的干扰，这就是交流电对待测信号源或者测量系统造成的干扰，在 $S_\phi(f)$ 图中，表现为离散的谱线形式。这里离散的谱线含义与离散谱是不同的，只是说明谱线的形式是分离的。

相位白噪声与交流电干扰的时域稳定度如图 5.8 所示，是图 5.7 的测量数据的时域稳定度，同样具有 60Hz 的噪声。可以看出，$\sigma_y(\tau)$ 随着采样时间波动变化，这是因为干扰的时域变化与采样时间是紧密相关的，这种效应对滤除信号源中的周期干扰非常有用，在时域用干扰周期的整数倍采样，就可以滤除这种周期干扰（Howe et al.，2000）。例如，由温度、气压和其他环境效应引起的日变化可以通过一天一个采样数据的方法消除，这种方法对于只有一个周期项干扰的信号非常有用。

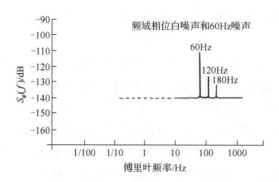

图 5.7　相位白噪声与交流电干扰的频谱

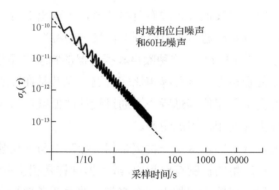

图 5.8　相位白噪声与交流电干扰的时域稳定度

对震动和声音敏感的振荡器输出信号的频谱如图 5.9 所示，对震动和声音敏感的振荡器时域稳定度如图 5.10 所示。图 5.9 中低频范围内的频率闪烁噪声，在长的平均时间内被隐藏在对震动敏感的相位白噪声中。

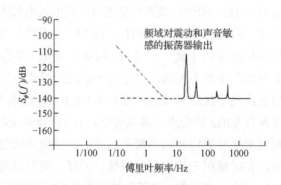

图 5.9　对震动和声音敏感的振荡器输出信号的频谱

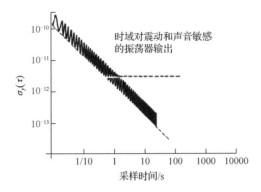

图 5.10　对震动和声音敏感的振荡器时域稳定度

逐渐减小的频率闪烁噪声频谱如图 5.11 所示，显示了两种幂律谱噪声过程，其中频率闪烁噪声是逐渐减小，图 5.11（a）与 4.3.2 小节的例子相同。

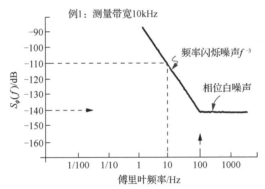

（a）频率闪烁噪声下降至傅里叶频率约为100Hz处

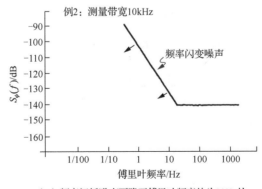

（b）频率闪烁噪声下降至傅里叶频率约为20Hz处

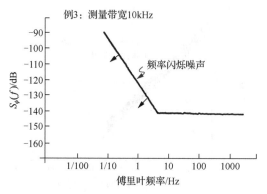

（c）频率闪烁噪声下降至傅里叶频率约为7Hz处

图 5.11　逐渐减小的频率闪烁噪声频谱

　　逐渐减小的频率闪烁噪声时域稳定度如图 5.12 所示，该图显示了图 5.11 频谱转化到时域的特征，存在两种幂律谱噪声过程。然而，对于给定平均时间或傅里叶频率，一种噪声可能占据主要地位。

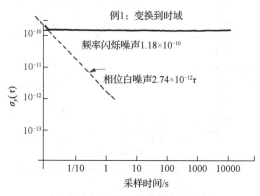

（a）频率闪烁噪声频率稳定度约为10⁻¹⁰

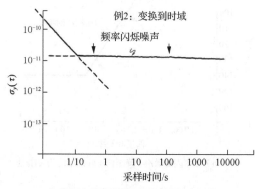

（b）频率闪烁噪声频率稳定度约为10⁻¹¹

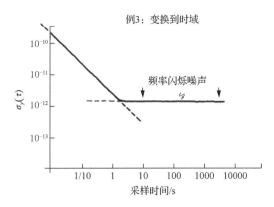

（c）频率闪烁噪声频率稳定度约为10^{-12}

图 5.12　逐渐减小的频率闪烁噪声时域稳定度

其他设备，如晶体管、电容、电阻等，可能引入一种被称作爆米花噪声的低频噪声，这些噪声具有声学特性。具有爆米花噪声的低频噪声频谱如图 5.13 所示。具有爆米花噪声的低频噪声时域稳定度如图 5.14 所示。$\sigma_y(\tau)$ 进行长期平均时，这种噪声的存在使得频率稳定度数值增大，呈上升趋势。解决这种噪声的方法是仔细装配器件并细化测试过程。

在信号源的级联放大器中，通过使用负反馈电路，可有效减少由主动增益器件引入的噪声，如运算放大器和晶体管，这是推荐的设计方法。然而，负反馈电路中的移相或者增益控制电路中的窄带宽会使高频噪声变大，负反馈不足导致频谱变差，如图 5.15 所示。

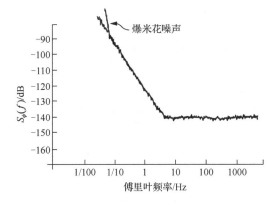

图 5.13　具有爆米花噪声的低频噪声频谱

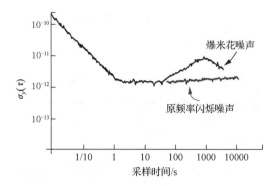

图 5.14　具有爆玉米噪声的低频噪声时域稳定度

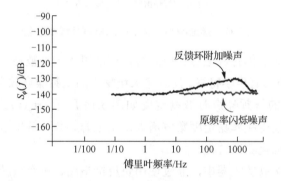

图 5.15　负反馈不足导致频谱变差

5.1.2 小节讨论了频域混叠，滤波器带宽过窄导致混叠噪声增加如图 5.16 所示。带宽较窄的滤波器对白噪声源采样后导致的测量异常，高于采样频率 f_s 的噪声电压被叠加到了分析的带宽以内，抑制频带的纹波特性也叠加到高频部分。对于给定的采样频率，增加分析仪高频带宽和提高抗混叠滤波器截止频率是矛盾的，截止频率越高，需要分析仪的带宽就越宽，要寻找两者的平衡点。

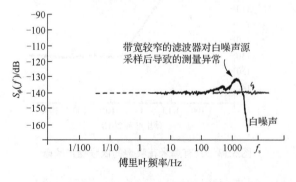

图 5.16　滤波器带宽过窄导致混叠噪声增加

参 考 文 献

李孝辉, 2000. 原子时的小波分解算法[D/OL]. 西安: 中国科学院陕西天文台. https://kns.cnki.net/kcms/detail/
　　detail.aspx?dbcode=CMFD&dbname=CMFD9904&filename=2001007263.nh&uniplatform=NZKPT&v=S6F850nY8F
　　PUroT0OEm5gneB-D4S68Rpmj5Zm9jqP7lHz4OOvMF-uU9WnWijPytg.

李孝辉, 杨旭海, 刘娅, 等, 2010. 时间频率信号的精密测量[M]. 北京: 科学出版社.

张慧君, 2003. 高精度时间频率信号测量与分析平台的设计[D/OL]. 西安: 中国科学院研究生院(国家授时中心).
　　https://kns.cnki.net/kcms/detail/detail.aspx?dbcode=CMFD&dbname=CMFD9904&filename=2003112211.nh&uniplatf
　　orm=NZKPT&v=KOwn-z0CnZMG99LjFzsktxT_ibKRB1CHL5cyf3x2LoHSDiYQhbeb1Lscf4UT8yu_s.

BLACKMAN R B, TUKEY J W, 1958. The Measurement of Power Spectra From the Point of View of Communication
　　Engineering[M]. New York: Dover Publication.

FORMAN P, CLAUDE A, BERNARD G, 2001. The Measurement of Time: Time, Frequency, and The Atomic Clock[M].
　　New York: Cambridge University Press.

HOWE D, ALLAN D W, BARNES J A, 2000. Properties of oscillator signals and measurement methods[R]. Boulder:
　　National Institute of Standard and Technology.

RILEY W J, 2007. Handbook of Frequency Stability Analysis[M]. Washington D C: NIST Special Publication 1065.

第6章 时间频率信号源模型估计方法

频率稳定度分析通常要扣除频率漂移的影响，需要估计能够反映时间漂移的老化参数。同样，在原子钟钟差预测、原子钟控制时，也需要准确估计原子钟参数模型。对时间频率信号源参数的估计，不同噪声背景下的估计方法不同，本章将介绍两种估计方法。实际上，相关的估计方法很多，对不同的信号源，参数估计的最优方法并不相同，需要根据实际应用的需要设计相应的估计方法（李玉缝等，2020；路晓峰等，2006；Sullivan et al.，1990）。

6.1 信号源平均频率和频率漂移率的估计方法

为了确定振荡器的参数，需要区分相位时间 $x(t)$ 中随机性与确定性部分。例如，一般晶体振荡器具有明显的频率漂移，如果不对频率漂移进行处理，阿伦方差将会与采样时间 τ 的平方成正比，这样，阿伦方差并不是完全表征振荡器的随机噪声。实际应用中，对 $x(t)$ 的处理引入两个确定性项即可（李孝辉等，2002，2000；朱守红，1997）：

$$x(t) = x_0 + \frac{\Delta v}{v_0}t + \frac{1}{2}Dt^2 + x_1(t) \tag{6.1}$$

式中，x_0 为时间同步误差，也称初始时间偏差；$\dfrac{\Delta v}{v_0}t$ 为平均频率误差引起的频率同步误差，也称初始频率误差；D 为频率漂移，也称老化率；$x_1(t)$ 为随机噪声。由于阿伦方差对时间同步误差和频率同步误差不敏感，频率漂移引起的二次项系数在统计分析时是最难处理的。

对于白噪声，最优的估计是平均，因此一般的统计处理过程是对数据进行滤波，直到剩余数据表现出白噪声过程。例如，短时间内，原子钟的频率波动通常表现出频率白噪声特性，对式（6.1）求一阶差分，就得到：

$$\bar{y}(t) = \frac{\Delta v}{v_0} + Dt + \frac{x_1(t+\tau) - x_1(t)}{\tau} \tag{6.2}$$

对频率数据进行最小二乘法线性拟合，就得到 Δv 的最优估计。然而，如果 τ 的取值较小，不满足频率白噪声的假定，并且原子钟的频率漂移非常小时，这种

方法得到的 D 的估计值不具有统计意义。因此，需要考虑频率数据的一阶差分，即相位时间的二阶差分：

$$\frac{\overline{y}(t+\tau)-\overline{y}(t)}{\tau}=D+\frac{x_1(t+2\tau)-2x_1(t+\tau)x_1(t)}{\tau^2} \quad (6.3)$$

在长时间内，很多原子钟表现出频率随机游走噪声，频率数据的一阶差分表现出白噪声特性，对 D 的最优估计就是简单的平均。

如果主要噪声是频率闪烁噪声而不是频率随机游走噪声，最优的估计过程并不相同，估计方法非常复杂。有研究表明，最大似然估计可以在这种噪声背景中估计钟的参数。实际应用中，若存在较大频率漂移，有一种计算阿伦方差的简单方法，使用相位数据开始，将二阶差分数据进行平均即可，这种方法需要适当选择 τ，以使主要噪声过程是频率随机游走噪声。将频率漂移去掉以后，就可以计算阿伦方差。图 6.1～图 6.4 说明了频率漂移估计的过程。

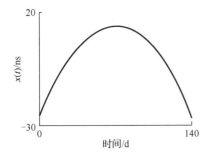

图 6.1　频率信号和参考信号 140d 时间偏差数据

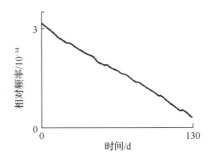

图 6.2　一阶差分后一天平均频率变化

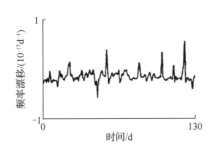

图 6.3　频率的一阶差分

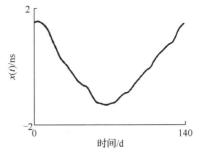

图 6.4　扣除频率漂移后相位变化

图 6.1 是频率信号和参考信号 140d 时间偏差数据，其二次曲线的特征完全淹没了噪声。图 6.2 是这组相位数据一阶差分后一天平均频率变化，尽管可以看出频率的随机波动，但主要还是表现出频率的线性变化。图 6.3 是频率的一阶差分，基本上去掉了非随机项，表现出白噪声的性质。统计分析表明，这些数据是白噪

声的置信度是 90%。根据图 6.3 中的数据计算频率漂移，两次积分以后得到由频率漂移引起的相位波动，图 6.4 是从图 6.1 结果中扣除频率漂移后相位变化，可以看出，纵坐标缩小至 1/10 左右。

上述内容介绍了对精密频率源参数估计的一个例子。实际上，针对不同的噪声，有不同的参数估计方法，将在后续两节说明两种参数估计的具体方法。

6.2　精密频率源参数估计

随着科学技术的发展，标准时间和频率的传递手段越来越多，从短波到长波，再到现在广泛应用的 GPS 系统，其精度越来越高，也便于溯源到协调世界时，给人们提供了一种将本地频率源同步到外部标准时间与频率的方法。然而，现实中由于仪器故障或人为因素，不可能同这些标准无限实时连接，这就需要利用观测的数据正确估计出频率源的参数，当频率源自由运行时能够根据估计的参数适当调整频率源输出，降低在这段时间内频率源同标准时间和频率的偏差（胥嘉佳等，2009；朱陵凤等，2007；李孝辉等，2002；柯熙政等，1998）。

对钟参数的估计，不同噪声背景下的估计方法不同，本节提出一种利用二次拟合来估计相位白噪声背景中频率源参数的方法，在最小平方误差的意义下是最优的。

6.2.1　钟信号模型与噪声

根据 6.1 节中的内容，将频率源的信号模型改写为

$$x(t) = a + b \cdot t + \frac{1}{2} \cdot c \cdot t^2 + \varepsilon(t) \tag{6.4}$$

式中，a 为初始时刻频率源与标准时间的时间偏差；b 为相对频率偏差，即初始时刻频率源频率与标准频率的相对频率偏差；c 为频率漂移，也称老化率，它是频率源本身的参数老化等原因引起的，在频率上表现为线性的趋势偏离标准频率，在时间上呈二次方的趋势偏离标准时间。a 和 b 是初始时刻的量，为定值，对于稳定度较好的频率源来说，c 也可以看作定值。因此，一般在处理的时候，把 a、b、c 均视为常数。

式（6.4）中的 $\varepsilon(t)$ 是噪声项。尽管频率源噪声的物理过程还不十分清楚，但现在对噪声的模型已有定论，即原子钟的噪声可以看成五种噪声的线性叠加，总噪声是这五种噪声分量的和：

$$\varepsilon(t) = z_{-2}(t) + z_{-1}(t) + z_0(t) + z_1(t) + z_2(t) \tag{6.5}$$

式中，$z_{-2}(t)$ 为频率随机游走噪声；$z_{-1}(t)$ 为频率闪烁噪声；$z_0(t)$ 为频率白噪声；

$z_1(t)$ 为相位闪烁噪声；$z_2(t)$ 为相位白噪声。一般频率源包含几种噪声类型或者全部类型。

不同采样时间时，频率源所含五种噪声的比重各不相同。这里只分析在相位白噪声存在情况下高稳定频率源的参数估计方法。

6.2.2　估计方法

本小节只研究在相位白噪声背景中频率源参数的估计，对于 N 个采样数据，钟差的离散形式为

$$x_n = a + b \cdot n \cdot \tau_0 + \frac{1}{2} \cdot c \cdot n^2 \cdot \tau_0^2 + \varepsilon_n, \quad n=1,2,\cdots,N \tag{6.6}$$

式中，τ_0 为采样时间间隔，假设是等间隔采样；n 为采样点的次序。为了表述方便，采用矩阵形式，定义钟参数矩阵 MB、测量序列矩阵 MN、时间间隔矩阵 $M\tau$、钟差矩阵 MX、噪声矩阵 $M\varepsilon$ 分别为

$$\begin{cases} MB = \begin{bmatrix} a \\ b \\ c/2 \end{bmatrix} \\[3mm] MN = \begin{bmatrix} 1 & 1 & 1 \\ 1 & 2 & 4 \\ 1 & 3 & 9 \\ \vdots & \vdots & \vdots \\ 1 & N & N^2 \end{bmatrix} \\[3mm] M\tau = \begin{bmatrix} 1 & 0 & 0 \\ 0 & \tau_0 & 0 \\ 0 & 0 & \tau_0^2 \end{bmatrix} \\[3mm] MX = \begin{bmatrix} T_1 \\ T_2 \\ \vdots \\ T_N \end{bmatrix} \\[3mm] M\varepsilon = \begin{bmatrix} \varepsilon_1 \\ \varepsilon_2 \\ \vdots \\ \varepsilon_N \end{bmatrix} \end{cases} \tag{6.7}$$

根据方程组（6.7），将式（6.6）写为

$$MX = MN \cdot M\tau \cdot MB + M\varepsilon \tag{6.8}$$

钟参数矩阵 MB 的最小平方误差估计为

$$MB = M\tau \cdot (MN' \cdot MN)^{-1} \cdot (MN' \cdot MX) \tag{6.9}$$

为了解这个方程，需要由观测数据求出四个量：

$$\begin{cases} S_x = \sum_{n=1}^{N} x_n \\ S_{nx} = \sum_{n=1}^{N} x_n \cdot n \\ S_{nnx} = \sum_{n=1}^{N} x_n \cdot n^2 \\ S_{xx} = \sum_{n=1}^{N} x_n \cdot x_n \end{cases} \tag{6.10}$$

计算矩阵 $(MN' \cdot MN)^{-1}$ 为

$$(MN' \cdot MN)^{-1}$$

$$= \frac{\begin{bmatrix} 3[3N(N+1)+2] & -18(2N+1) & 30 \\ -18(2N+1) & 12(2N+1)(8N+11)/[(N+1)(N+2)] & -180/(N+2) \\ 30 & -180/(N+2) & 180/[(N+1)(N+2)] \end{bmatrix}}{N(N-1)(N-2)} \tag{6.11}$$

综上可得，频率源参数的估计为

$$\begin{cases} \dfrac{3[3N(N+1)+2] \cdot S_x + \tau_0 \cdot -18(2N+1) \cdot S_{nx} + \tau_0^2 \cdot 30 \cdot S_{nnx}}{N(N-1)(N-2)} \\ \dfrac{-18(2N+1) \cdot S_x + \tau_0 \cdot 12(2N+1)(8N+11)/[(N+1)(N+2)] \cdot S_{nx} + \tau_0^2 \cdot -180/(N+2) \cdot S_{nnx}}{N(N-1)(N-2)} \\ \dfrac{30 \cdot S_x + \tau_0 \cdot -180/(N+2) \cdot S_{nx} + \tau_0^2 \cdot 180/[(N+1)(N+2)] \cdot S_{nnx}}{N(N-1)(N-2)} \end{cases} \tag{6.12}$$

上述方法仅适用等间隔测量的例子，实际应用中等间隔测量的机会很少，这是因为等间隔测量对测量仪器和比对源的要求都比较高，实际中很难保证在测量时没有间断，即使实现了等间隔测量，也难免会出现数据缺失的情况。因此，要把上述方法推广到不等间隔采样的情况，只需要把测量序列矩阵 MN 和时间间隔矩阵 $M\tau$ 矩阵合并在一起，变为不等间隔采样时间矩阵 MIN：

$$MIN = \begin{bmatrix} 1 & t_1 & t_1^2 \\ 1 & t_2 & t_2^2 \\ 1 & t_3 & t_3^2 \\ \vdots & \vdots & \vdots \\ 1 & t_N & t_N^2 \end{bmatrix} \qquad (6.13)$$

其他的推导过程与等间隔采样的过程相同。

6.2.3　分析与结论

为了验证上述方法，根据频率源的参数，对上述方法的实际效用进行分析。

模拟两种强度的相位白噪声，第一组数据中白噪声的方差为 1×10^{-9}，较大噪声下频率源的钟差如图 6.5 所示，该噪声的强度较大，根据两组钟差数据估计的频率源参数与真值的比较见表 6.1。其中，a 和 b 的估计值误差较小，可以视为正确的估计；c 的误差非常大，认为是错误的估计，原因是噪声强度太大。噪声的方差要比 c 大 10^7 倍，很难正确估计出 c 正确的值。

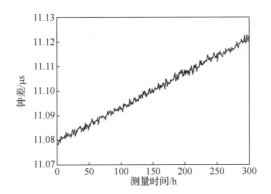

图 6.5　较大噪声下频率源的钟差

表 6.1　根据两组钟差数据估计的频率源参数与真值的比较

测试项		真值	较大噪声下估计值	较小噪声下估计值
a	数值/10^{-5}	1.11	1.11	1.11
	误差比例/10^{-5}	—	5.63	1.27
b	数值/10^{-10}	1.40	1.37	1.40
	误差比例	—	2.15×10^{-2}	1.61×10^{-5}
c	数值	-3.75×10^{-16}	8.50×10^{-15}	-3.66×10^{-16}
	误差比例	—	23.64	2.36×10^{-2}

模拟的第二组数据在较小噪声下频率源的钟差如图 6.6 所示。采用第二组数

据，模拟相位白噪声的方差是 1×10^{-12}，比第一组数据减小了相当大的一部分，但比 c 仍大 10^4 倍。估计的结果见表 6.1。可以看出，c 的估计值误差降到了 2.36×10^{-2}，可以认为正确估计出了频率源的各种参数。

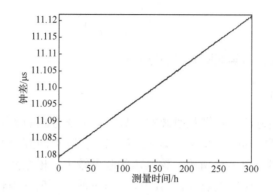

图 6.6　较小噪声下频率源的钟差

分析结果证明，本节给出的频率源参数估计方法是可行的，它是平方误差最小意义下的估计。本节方法只适用于高稳频率源频率漂移等参数的估计，并且这种方法仅考虑了相位白噪声，实际频率源的噪声远比这复杂，不仅有相位白噪声，还有其他噪声。如何在各种噪声下估计频率源的各种参数需要继续开展研究。

6.3　时间频率信号的分域递推模型

时间信号的预测在原子时计算和实时原子时中有着重要应用。原子钟在运行过程中难免会出现故障，在故障期间对时间尺度进行预测很有必要。$\mathrm{ARMA}(p,q)$ 模型可以使预测达到一定的精度，但 $\mathrm{ARMA}(p,q)$ 模型依赖于过程的平稳性假设；卡尔曼滤波法虽然不依赖于过程的平稳性假设，但其长期精度较低。本节基于小波变换对信号的正交分解与合成，在时频域相空间建立预测模型，然后通过小波变换重建时间尺度，称此为分域递推模型（李孝辉等，2000；柯熙政等，1998）。

6.3.1　小波分析

1. 小波变换

小波变换是一个线性算子，可在不同频率尺度下对信号进行分解。小波变换是基于待分析信号与伸缩滤波器的卷积。

设函数 $\psi(x)\in L^2(R)$ 满足允许条件：

$$\int_{-\infty}^{+\infty}\psi(x)\mathrm{d}x=0 \qquad (6.14)$$

用尺度因子 s 对 $\psi(x)$ 作伸缩，得到伸缩后的函数记为

$$\psi_s(s) = \frac{1}{s}\psi\left(\frac{1}{s}\right) \tag{6.15}$$

信号 $f(x)$ 在尺度因子 s 位置 x 的小波变换定义为如下卷积：

$$W_s f(x) = f * \psi_s(x), \quad f(x) \in L^2(R) \tag{6.16}$$

式中，$L^2(R)$ 为平方可积一维函数希尔伯特空间；$\psi_s(x)$ 为在 s 的小波函数。已经证明，小波变换满足能量守恒方程，且信号可以由其小波变换系数得到重建，当尺度因子 s 减少时，$\psi_s(x)$ 的支集也在变小，因此卷积型小波对信号的细节特别敏感。由式（6.16）可以看出，小波变换可视为信号 $f(x)$ 通过一个脉冲响应为 $\psi_s(x)$ 的伸缩滤器来实现，$\psi_s(x)$ 起着系统的作用。

尺度因子是在时域中，实际信号是经过有限离散采样，一般在计算机处理中，需对其进行二进离散化，即令

$$s = 2^j, \quad j \in Z \tag{6.17}$$

式中，Z 为整数集合，则有二进小波变换：

$$W_{2^j} f(x) = f(x) * \psi_{2^j}(x) \tag{6.18}$$

式（6.18）表明，在每个尺度 2^j 上，函数 $W_{2^j} f(x)$ 是连续的，因为它等于在 $L^2(R)$ 空间上的两个函数的卷积。

$W_{2^j} f(x)$ 的傅里叶变换为

$$\hat{W}_{2^j} f(x) = \hat{f}(\omega)\hat{\psi}(2^j\omega) \tag{6.19}$$

式（6.19）成立的条件为

$$\sum_{-\infty}^{+\infty}\left|\hat{\psi}(2^j\omega)\right|^2 = 1 \tag{6.20}$$

式中，$\wedge$ 表示傅里叶变换。任何满足式（6.20）的小波都称为二进小波，又称二进小波变换。由帕塞瓦尔定理、式（6.19）和式（6.20）可得能量守恒方程：

$$\|f(x)\|^2 = \sum_{-\infty}^{+\infty}\left\|W_{2^j} f(x)\right\|^2 \tag{6.21}$$

对正交小波变换，信号可以从其二进小波变换得到重构：

$$f(x) = \sum_{-\infty}^{+\infty} W_{2^j} f * \psi_{2^j}(x) \tag{6.22}$$

2. 信号的正交分解

通过小波基函数，可将 $L^2(R)$ 空间上的一个函数 $f(x)$ 进行正交分解，这里讨论的小波变换均指正交小波变换，而且信号的能量集中在低频，一般满足 $1/f$ 幂率。这样，$L^2(R)$ 空间能分解为若干个子空间 W_j 的直和：

$$L^2(R) = \underset{j \in Z}{\oplus} W_j = \cdots + W_{-1} + W_0 + W_1 + \cdots \qquad (6.23)$$

在这个意义上，每个函数都有唯一的分解：

$$f(x) = \cdots + g_{-1} + g_0 + g_1 + \cdots \qquad (6.24)$$

小波函数作为一个正交小波基 $L^2(R)$ 空间的子空间 $W_j(j \subset Z, j = 1, 2, \cdots)$，是相互正交的，

$$\left\langle g_i, g_j \right\rangle = 0 \qquad (i \neq j) \qquad (6.25)$$

且 $g_j \subset W_j, g_i \subset W_i$，$W_j \perp W_i$。

考虑二进小波变换，$\Psi_{i,j} = 2^{j/2} \psi(2^j x - k)$ 通过 k 的变化，可构成 $L^2(R)$ 空间的正交基或双正交基，$\Psi_{j,k}(x)$ 是子空间 W_j 的基，称为分域基。

$L^2(R)$ 空间上的一个函数，通过小波变换，投影到各个分域基上，将 $f(x) \in L^2(R)$ 分解为两个分量，即平稳过程分量和非平稳过程分量。对 $f(x) \in L^2(R)$ 中的平稳过程分量，可直接进行 $\mathrm{ARMA}(p,q)$ 建模；对非平稳过程分量，可通过求其平稳过程分量来解决。

3. 非平稳过程的分解

非平稳过程的例子很多，如地球自转速率不仅包含了 24h 的变化，而且包含了月亮和行星对地球的摄动以及其他多种因素干扰引起的很多短周期变化。一般，人们将非平稳序列进行差分处理，使非平稳序列转化为平稳序列，然后用平稳序列的方法进行处理。在有的情况下，需对非平稳序列进行二次差分，甚至三次差分才能使非平稳时间序列成为平稳的序列。对有明显周期变化的序列，用周期差分作算子处理。本节提出的方法与此类似或相近，仅是差分次数改为由小波基函数的微分次数确定。为此，定义任意光滑的函数 $\theta(x)$ 满足：

$$\int_{-\infty}^{+\infty} \theta(x) \mathrm{d}x = 1 \qquad (6.26)$$

且在无穷远处趋于 0 并有紧支集，假定 $\theta(x)$ 的 $(n+1)$ 阶导函数存在，且

$$\begin{cases} \psi^1(x) = \dfrac{\mathrm{d}\theta(x)}{\mathrm{d}x} \\ \psi^2(x) = \dfrac{\mathrm{d}^2\theta(x)}{\mathrm{d}x^2} \\ \cdots \\ \psi^n(x) = \dfrac{\mathrm{d}^n\theta(x)}{\mathrm{d}x^n} \end{cases} \tag{6.27}$$

若 $g(x) = \mathrm{d}f(x)/\mathrm{d}x$，则 $g(x)$ 为 $f(x)$ 的核函数，$f(x)$ 为非平稳过程分量，但经过若干次微分后，$g(x)$ 可映射为一个平稳过程，这等价于时间序列分析理论中的差分方法。$n=1$ 时，

$$\langle g(x), \psi(x) \rangle = \left\langle \frac{\mathrm{d}f(x)}{\mathrm{d}x}, \frac{\mathrm{d}\theta(x)}{\mathrm{d}x} \right\rangle = a(k) \tag{6.28}$$

对式（6.28）作傅里叶变换：

$$\mathrm{FT}\{\langle g(x), \psi(x) \rangle\} = s(\mathrm{i}\omega)^2 g(\omega)\theta(\omega) = A(\omega_k) \tag{6.29}$$

$$g(x) = \frac{A(\omega)}{s(\mathrm{i}\omega)^2 \theta(\omega)} \tag{6.30}$$

称 $g(x)$ 为 $f(x)$ 的核函数，$g(x)$ 通过一次微分后，仍是非平稳过程，可一直做下去，最终求得对应的平稳过程。

通过小波变换的正交分解，将非平稳的过程分解为平稳过程分量和非平稳过程分量，又通过小波变换找出了非平稳过程的核函数，核函数总可以通过适当地选择微分次数使其趋于平稳化。至此，实现了将一个非平稳的过程通过正交分解为若干个平稳的过程。

6.3.2 基于小波变换的分域递推模型

1. 基本方程

根据 Yule-Walker 方程：

$$\begin{bmatrix} R_m(2) & R_m(-1) & \cdots & R_m(-p) \\ R_m(1) & R_m(2) & \cdots & R_m(1-p) \\ \vdots & \vdots & \cdots & \vdots \\ R_m(p) & R_m(p-1) & \cdots & R_m(0) \end{bmatrix} \begin{bmatrix} 1 \\ a_1 \\ \vdots \\ a_p \end{bmatrix} = \begin{bmatrix} \sigma_w^2(m) \\ 0 \\ \vdots \\ 0 \end{bmatrix} \tag{6.31}$$

式中，$R_m(\cdot)$ 为小波变换系数在频率尺度 m 时的相关函数；$a_1 \sim a_p$ 为小波变换系数或核函数的 $\mathrm{AR}(p)$ 模型参数；$\sigma_w^2(m)$ 为小波变换系数在频率尺度 m 时的方差；p 为模型的阶数。同样，可建立 $\mathrm{MA}(q)$ 模型或 $\mathrm{ARMA}(p,q)$ 模型。

2. 分域递推方法

根据时间序列分析理论，小波变换系数 $\alpha_{j,k}$ 的递推公式为

$$\begin{cases} \hat{\alpha}_{j,k-1} = a_1\alpha_{j,k} + a_2\alpha_{j,k-1} + \cdots + a_p\alpha_{j,k-p+1} \\ \hat{\alpha}_{j,k-2} = a_1\alpha_{j,k-1} + a_2\alpha_{j,k} + \cdots + a_p\alpha_{j,k-p+2} \\ \qquad\qquad\qquad \cdots \\ \hat{\alpha}_{j,k-p+l} = a_1\alpha_{j,k-p+l-1} + a_2\alpha_{j,k-p+l} + \cdots + a_p\alpha_{j,k+2p} \end{cases} \tag{6.32}$$

对于非平稳分量，可对核函数建模，同样有式（6.32）的递推公式。式中，j 为某一频率尺度 k 时的时间引数。

3. 时间尺度的分域递推模型

时间尺度序列 $f(x) \in L^2(R)$ 的小波变换系数为

$$\{\alpha_{i,j}, \beta_{i,j}\} \in L^2(R^* \times R) \tag{6.33}$$

式中，$L^2(R^* \times R)$ 为二维希尔伯特空间；$\alpha_{i,j}$ 为平稳分量；$\beta_{i,j}$ 为非平稳分量。一般而言，$\alpha_{i,j}$ 是高频分量，$\beta_{i,j}$ 是低频分量。

$$f(x) = \sum_{i,j} \alpha_{i,j} * \hat{\psi}_{i,j}(x) + \sum_{i,j} \beta_{i,j} * \hat{\psi}_{i,j}(x) \tag{6.34}$$

若 $g(x)$ 是 $\beta_{i,j}$ 的核函数，则

$$f(x) = \sum_{i,j} \alpha_{i,j} * \hat{\psi}_{i,j}(x) + \sum_{i,j} \left\{ \int \cdots \int g(x)\mathrm{d}x \right\} \hat{\psi}_{i,j}(x) \tag{6.35}$$

其中，$\alpha_{i,j}$ 和 $g(x)$ 均是平稳的过程，这样便可将式（6.34）的结果代入式（6.35），从而得到时间尺度的分域递推模型。

6.3.3 分析与结论

时间尺度的分域递推模型，在小波变换的正交分解与合成的基础上，将过程在时频域展开，对平稳过程分量可直接进行 $\mathrm{ARMA}(p,q)$ 建模，对非平稳分量，对其核函数进行建模。图 6.7～图 6.9 分别是相应频率尺度（j=2～4）分域小波变换系数的时差预测结果，图 6.10 是根据图 6.7～图 6.9 的预测结果合成的结果，是分域预测的最后结果。

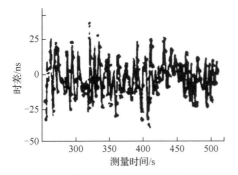

图 6.7　频率尺度 j=2 分域小波变换
系数的时差预测结果

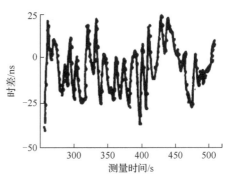

图 6.8　频率尺度 j=3 分域小波变换
系数的时差预测结果

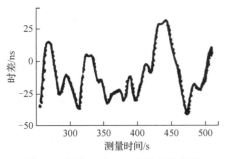

图 6.9　频率尺度 j=4 分域小波变换
系数的时差预测结果

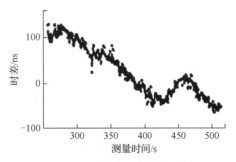

图 6.10　预测结果合成的结果

由图 6.7～图 6.10 可以看出，由于分域递推模型把信号按频率分解，每一个频率尺度的信号都存在于较小的频率范围，因此对按尺度分解后的信号预测可以起到较好的结果。由图 6.7～图 6.9 可以看出，在小尺度下，分离的是信号的高频成分且不易于预测，精度较低，在大尺度下分离的是信号的低频成分，预测精度较高。

时域模型和分域预测结果比较见表 6.2，这是短期预测的情形，其效果明显优于时域模型。在长期预测的情形下，考虑测量间隔 3h，进行 100 步预测，这时预测标准差优于 20ns，而此时时域模型不能进行预测。

表 6.2　时域模型和分域预测结果比较

项目		模型	标准差/ns	备注
时域模型		AR（27）	10.0	一步预测
分域预测	样本 1	AR（10）	3.6	5 步递推平均 4.5ns
	样本 2	AR（10）	2.7	
	样本 3	AR（10）	2.7	
	样本 4	AR（10）	5.9	

综上所述，分域递推模型克服了传统方法的不足，在非平稳分量建模中，类似于差分方法，但又不同于差分方法。应该指出，小波变换的两端效应是制约分域递推模型的主要因素，但对小波变换的空间向量算法方面的研究表明，分域递推模型可以有效克服两端效应，函数在函数空间展开后，不会产生误差。

参 考 文 献

柯熙政, 吴振森, 焦李成, 1998. 时间尺度的分域递推模型[J]. 天文学报, 39(3): 313-319.

李孝辉, 柯熙政, 2000. 原子钟信号的神经网络模型[J]. 陕西天文台台刊, 23(2): 110-115.

李孝辉, 张慧君, 边玉敬, 2002. 调相白噪声背景中高稳频率源参数估计[J]. 陕西天文台台刊, (1): 18-22.

李玉缝, 施韶华, 2020. 基于 GM(1, 1) 与 BP 神经网络的卫星钟差预报[J]. 电子设计工程, 28(9): 7-11.

路晓峰, 贾小林, 崔先强, 2006. 灰色系统理论的优化方法及其在卫星钟差短期预报中的应用[J]. 测绘工程, (6): 12-14.

胥嘉佳, 刘渝, 邓振淼, 等, 2009. 正弦波信号频率估计快速高精度递推算法的研究[J]. 电子与信息学报, 31(4): 865-869.

朱陵凤, 唐波, 李超, 2007. 两种模型用于卫星钟差预报的性能分析[J]. 飞行器测控学报, 26(3): 39-43.

朱守红, 1997. 精密时钟噪声的半积分-半微分算子模型及其应用[J]. 陕西天文台台刊, 20(6): 1-9.

SULLIVAN D B, ALLAN D W, HOWE D A, 1990. Characterization of clocks and oscillators[R]. Boulder: NIST Tech. Note 1337.

第7章　时间频率标准的传递

进行时间频率校准时，可以使用本地的参考也可以使用被传递的参考，使用被传递的参考具有成本低、性能高等特点。授时和时间比对等都是时间频率标准传递的方法。本章将介绍主要的时间频率传递方法，讨论误差分布的规律和特点，分析这几种时间频率传递方法的应用场合。

7.1　时间频率比对的传递标准

与其他分级传递的物理量不同，时间频率一个显著的计量学特征就是可以直接将国家标准时间传递出去。时间频率标准的传递包括授时和时间比对，授时是将地方或者区域的标准时间广播出去，时间比对是两个时间信号之间的比对，并不要求其中一个是标准时间（胡永辉等，2000；漆贯荣等，2000；吴守贤，1983）。

时间频率校准是指将待测设备输出的时间和频率与参考标准进行比对。本节以频率校准为例，说明时间频率标准的传递。

频率校准的待测设备一般是石英晶体振荡器、铷原子振荡器或铯原子振荡器。参考频率源是性能高于待测振荡器或是通过接收无线电信号所得到的传递标准。所有传递标准所接收的频率信号均来源于铯原子振荡器，同时该信号也将铯原子振荡器所产生的标准时间传递至用户。这种方式对用户特别有利，不是所有的校准实验室都有能力购买和维持铯原子振荡器。即使实验室拥有铯原子振荡器，仍然需要检验其性能，唯一可行的方法就是使用传递标准对铯原子振荡器进行校准，使铯原子振荡器溯源到国家标准。

大多数传递标准接收到的时频信号可溯源至国家基准频率，如 BPM 短波授时、BPL 长波授时和 BPC 低频时码授时，发播的时频信号都是可溯源的，这是因为它们都由中国科学院国家授时中心直接控制，发播中国的标准时间［UTC（NTSC）］。全球定位系统发播的时频信号也是可溯源的，这是因为它们会定期与美国国家标准技术研究院的标准时间比对。在其他国家发播的时频信号可以溯源到该国的标准时间，通过该国的标准时间溯源至协调世界时（Lewandowski et al.，2000；Occhi et al.，1999）。

使用传递标准会引起校准精度的降低，即使位于最佳工作频率附近，无线电信号在经过从发射台到接收机的传输路径后其性能也会降低。例如，某实验室拥有输出频率为 5MHz 的频率标准。某地铁站为了使用该频率信号，建造了一条电缆，将自己的工作台连接至该实验室。如果电缆长度恒定不变，由长度引起的从频率标准到工作台的信号延迟也是固定的。恒定的时延不会改变信号频率，所以从电缆一端传输到另一端的信号频率也不会发生改变。当由温度变化等引起电缆长度发生变化时，就会导致频率发生波动。从长期看，由于频率偏差来回波动，总的变化趋势为 0，但短期内的频率稳定度较差。同理，在使用传递标准时，长达数千公里的传输路径可以等效为上例中的电缆。即使在频率源稳定的情况下，无线电信号的传输路径长度也会发生变化，从而导致所传递频率的波动。因此，虽然传递标准不适宜作为短期稳定度测量的参考频率标准，却非常适合用于长期测量，只要有足够长的时间，频率波动将会趋于零，从而可以得到与铯原子振荡器相同精度的频率信号。

传播路径长度时变的无线电信号显然不适用于高精度的频率校准。短波授时台 BPM 位于陕西西安，以 2.5MHz、5MHz、10MHz、15MHz 的频率发播时频信号。虽然 BPM 的频率信号直接来源于由国家授时中心维持的国家基准频率，但经过长时间的传输，到达用户接收机时已经损失了很多。大多数用户接收到的是天波或部分被电离层反射回地面上的信号。电离层的高度是时变的，由此带来的传输延迟也是时变的，时延为 500～1000μs。由于传输路径的变化率太大，即使采用求平均值的办法也只能带来有限的性能提高。虽然 BPM 可溯源至国家标准时间，但接收到的信号频率在一天内的准确度约为 10^{-9}。

其他无线电信号则可以提供更稳定的传输路径和更高的准确度。低频时码授时台和长波授时系统（BPC 和 BPL）发播的时频信号的准确度为 $1\times10^{-12}\mathrm{d}^{-1}$。长波传输路径的稳定度要优于短波，但当日出或日落时，电离层高度的变化依然会带来长波传输路径的改变。目前，使用最为广泛的是由 GPS、北斗卫星发播的时频信号。通过卫星发波的优势在于其无阻碍的信号收发路径，提供的频率信号准确度为 $2\times10^{-13}\mathrm{d}^{-1}$。不同标准传递的典型频率准确度见表 7.1（Davis et al.，2001；Hellwig，1999）。

表 7.1　不同标准传递的典型频率准确度

频率传递标准	频率准确度/d^{-1}
短波接收机（BPM）	$\pm 5\times10^{-9}$
长波接收机（罗兰 C 和 BPC）	$\pm 1\times10^{-12}$
全球定位系统接收机（GPS、北斗）	$\pm 2\times10^{-13}$

7.2　主要的授时方法

授时是实现传递标准的主要方式,将利用无线电波发播标准时间信号的工作称为授时。一般来说,授时需要将本地时间通过一定手段广播出去供多个用户使用,本地时间一般是国家标准时间。授时系统的用户与授时系统广播的时间进行同步,授时是非常重要的时间传递方法(胡永辉等,2000;漆贯荣等,2000;吴守贤,1983)。

一般来说,授时系统的要素有两个,一个是授时系统的时间要和地区或者国家标准时间保持一致, 也称为溯源到国家标准时间, 这是国际电信联盟(International Telecommunication Union,ITU)对于授时系统的要求;另一个是采用广播式,将授时系统的时间广播出去,供用户接收。

7.2.1　授时方法的发展

在各个历史时期,人们利用当时所能达到的最高技术进行授时,授时方法的发展及其授时精度如图 7.1 所示。

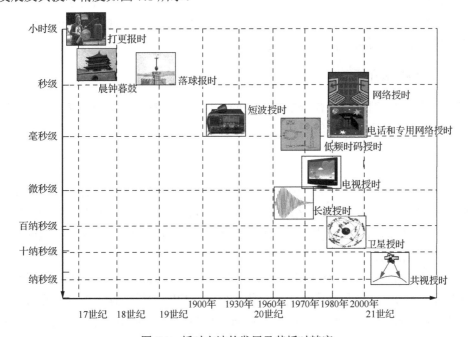

图 7.1　授时方法的发展及其授时精度

在生产力低下的古代,人们对时间的需求处于较低层次,最初通过类似打更报时的方式进行授时,这种授时的精度约为小时。后来,虽然发展成为精度在秒级的晨钟暮鼓方法,但基本上还是采用声音传播的方式进行授时。

在大航海时代早期，曾经采用落球报时和闪光等光信号的方式传播时间。人们在重要商埠的码头、港口竖立起高杆，在高杆顶端挂上气球，按约定时刻落下气球，借以向海员报告时间；夜间则采用闪光的方式进行授时。这种授时方法精度约为秒级，它为海员忠实服务了近百年之久。

无线电技术的出现，为授时系统的发展带来了划时代变革。随着现代信息传播技术的进展，许多信息传播手段都被用来授时，如精度在毫秒级的短波授时、低频时码授时、网络授时、电话和专用网络授时；精度在微秒级的长波授时和电视授时。其中，常用的授时方法有短波授时和长波授时，以及精度在十纳秒级的卫星导航系统授时（简称卫星授时）等。

常用的授时方法可分为陆基授时和星基授时两种。陆基授时方法主要有短波授时、低频时码授时、长波授时等，发射台在地面，一般覆盖范围小，精度为 1ms～1μs。星基授时主要有基于卫星导航系统的单向授时，如 GPS 授时，这种授时方法覆盖范围广，精度能达到 10～20ns，是目前精度最高的授时方法。

授时方法的发展与人们的需求密切相关，从秒级到纳秒级授时精度的用户都能找到相应的授时方法，但还没有纳秒级精度的授时系统，中国科学院国家授时中心提出的基于转发式卫星导航系统的共视授时方法可以实现纳秒级的授时，是目前精度最高的授时方法。

7.2.2 授时方法介绍

不同用户对时间频率需求的精度不同，目前的授时方法从精度在毫秒级的网络授时到精度在十纳秒级的卫星授时都有应用。

1. 网络授时

网络授时就是利用网络传送标准时间信息，为网络内计算机时钟同步提供参考信号。网络授时始于 20 世纪 80 年代后期，随着互联网应用的发展，网络授时作为一种低成本的时间同步手段，在 90 年代得到飞速发展，为广大的互联网用户带来了极大便利。

网络时间协议（network time protocol，NTP）就是用来使网络内计算机时间同步的一种协议。最早是由美国特拉华大学的 Mills 教授设计实现的，它可以使计算机与其服务器或石英钟、GPS 等时钟源同步，提供高精度的时间校正，在局域网上与标准时间差小于 1ms，广域网上为几十毫秒，且可由加密确认的方式来防止对协议恶意的攻击。

NTP 提供准确时间，首先要有准确的时间源，这一时间应该是溯源到 UTC，时间按 NTP 服务器的等级传播。按照离外部 UTC 源的远近将所有服务器归入不同的层中。在顶层有外部 UTC 接入，而第二层则从顶层获取时间，第三层从第二层获取时间，以此类推，但层的总数限制在 15 层以内。所有这些服务器在逻辑上形成阶梯式的架构相互连接，而顶层的时间服务器是整个系统的基础。NTP 的层次结构图如图 7.2 所示。

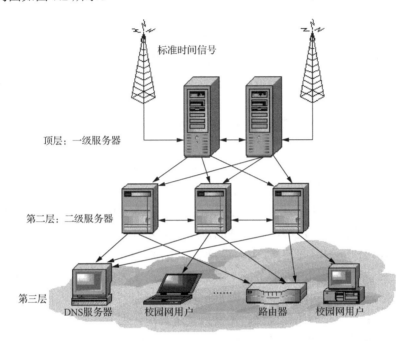

图 7.2　NTP 的层次结构图

计算机主机一般同多个时间服务器连接，利用统计学的算法过滤来自不同服务器的时间，以选择最佳的路径和来源来校正主机时间，也保证即使主机在长时间无法与某一时间服务器联系的情况下，NTP 服务依然有效运转。为防止对时间服务器的恶意破坏，NTP 使用了识别机制，检查来对时的信息是否真正来自所宣称的服务器并检查资料的返回路径，以提供对抗干扰的保护机制。

时间服务器与其他服务器的对时方式主要有三种：广播方式、主/被动对称方式和客户机/服务器方式。

（1）广播方式主要适用于局域网的环境，时间服务器周期性地以广播方式将时间信息传送给网络中其他的时间服务器，其时间仅会有少许延迟，而且配置非常简单。但是此方式的精度并不高，适用于低精度的应用。

（2）主/被动对称方式中，一台服务器可以从远端时间服务器获取时间，如果需要也可提供时间信息给其他远端的时间服务器。此方式适用于配置冗余的时间服务器，可以为主机提供更高的精度。

（3）客户机/服务器方式与主/被动对称方式相似，只是不给其他时间服务器提供时间信息，此方式适用于一台时间服务器接收上层时间服务器的时间信息，并提供时间信息给下层用户。

上述三种方式的时间信息传输都使用用户数据报协议（user datagram protocol，UDP）。每一个时间包内包含最近一次事件的时间信息、上次事件的发送与接收时间、传递现在事件的本地时间及此包的接收时间。在收到上述时间包后即可计算出时间的偏差量与传递数据的时间延迟。时间服务器利用一个过滤算法及先前校时资料计算出时间参考值，判断后续校时包的精确性。仅从一个时间服务器获得校时信息，不能校正通信过程所造成的时间偏差，同时与许多时间服务器通信校时，就可利用过滤算法找出相对较可靠的时间来源，然后采用它的时间来校时。

在一些需要精确时间同步的场合，如电力通信、通信计费、分布式网络计算、气象预报等，仅靠计算机本身提供的时钟信号是远远不够的。据统计，计算机时间与标准时间偏差在 1min 以上的占到 90%以上，这是因为计算机的时钟信号来源于自带的简单晶体振荡器，而这种晶体振荡器守时性很差，调整好时间后，一般每天都有几秒钟的时间漂移。上面提及的应用对时间准确度的要求均是秒级的，NTP 就是提供精确网络时间服务的一种重要方法。在大多数情况下，NTP 根据同步源和网络路径的不同，能够提供约 50ms 的时间同步精度。

NTP 为了保证时间的精确性，需要很复杂算法，但是在实际很多应用中，秒级的精度就足够了。在这种情况下，简单网络时间协议（simple network time protocol，SNTP）出现了，它通过简化原来的访问协议，在保证时间精确度的前提下，使得对网络时间的开发和应用变得容易。SNTP 主要对 NTP 涉及有关访问安全、服务器自动迁移部分进行了缩减。

SNTP 版本号是 SNTP V4，它能与以前的版本兼容，更重要的是 SNTP 能够与 NTP 具有互操作性，即 SNTP 客户可以与 NTP 服务器协同工作，同样 NTP 客户也可以接收 SNTP 服务器发出的授时信息。这是因为 NTP 和 SNTP 的数据包格式是一样的，计算客户时间、时间偏差及包往返时延的算法也是一样的。因此，NTP 和 SNTP 实际上是无法分割的。

SNTP 采用客户机/服务器工作方式，服务器通过接收 GPS 信号或自带的原子钟作为系统的时间基准，客户机通过定期访问服务器提供的时间服务获得准确的时间信息，并调整自己的系统时钟，达到网络时间同步的目的。

2. 电话授时

公共电话授时服务是利用公共电话交换网传输时间信息的一种方式，是一种常规的授时手段。它工作可靠，成本低廉，能够满足中等精度时间用户的需求，可为科学研究、地震台网、水文监测、电力、通信、交通等领域提供时间同步手段。

利用公共电话交换网，采用实时双向电路交换的方式来实现时间同步，即当电话拨号完成并建立话音信道后，两点间物理连接信道就基本确定，其传输时延是固定的，通过测量信道传输时延的方法进行时间延迟的修正，就可以得到较高的授时精度。

发达国家较早在电话授时方面就有了一定的发展和广泛应用。国外电话授时服务始于 1988 年美国国家标准技术研究院建立的自动计算机时间服务（automated computer time service, ACTS）系统。在美国，电话授时费用低廉、申请方便快捷，因此应用较广，授时准确度在 35ms 以内，精度在 5ms 以内，并且还可同时发送年、月、日等信息。

我国依托公共电话交换网开展电话授时技术服务的主要有国家授时中心和中国计量科学研究院。1998 年开始，国家授时中心面向中低精度民用用户提供了公共电话授时服务。2001 年，中国计量科学研究院利用电话网络建立了自动校时服务系统，也开始面向公众开展电话校时服务。这几个系统都采用字符时延测量方式，即时间信息采用 ASCII 编码，通过服务器和用户端之间传送特定字符来测量电话信道时延。这种方式在不同端的电话汇接局间授时精度约为 5ms，同一端的电话汇接局内授时精度约为 3.5ms。

电话授时作为一种授时手段，虽然时间同步精度只能达到毫秒级，但是在某些领域也得到广泛的应用，有着不可替代的作用。同时，以国家授时中心为代表的时频机构致力于电话授时新技术的研究，力争将电话授时精度提升一到两个数量级。

3. 电视授时

电视系统是 20 世纪人类最伟大的发明之一，是现代无线电广播系统之一，利用电视系统进行时间频率发播的研究也由来已久。1967 年 Tolman 提出利用电视行同步脉冲进行时间比对方法以来，由于其精度高、成本低、使用方便，很快被广泛采用；缺点在于需要比对各方交换数据，无法实时完成时间同步，因此该方法称为"无源电视比对"法。1970 年，Davis 提出"有源电视同步"法，在电视垂直消隐期间的空行插入标准时间频率信号。该法既保留了无源法的优点，又能实时实现时间同步，对电视信号本身不产生任何影响。

我国时间频率工作者以原中国科学院陕西天文台（简称陕西天文台）、中国计量科学研究院为主，积极关注利用电视系统进行时间频率发播。早在 1974 年，陕西、北京、上海、云南等地天文台一直使用无源法进行时间比对；1983 年，陕西天文台利用有源法在陕西电视台进行发播实验并获得成功。根据以上成果，陕西天文台于 1985 年为原国防科工委太原卫星发射中心研制了有源电视时间同步系统，利用有源电视系统解决了太原卫星发射中心场区高精度时间同步问题。1986 年，广播电视部、陕西天文台和中国计量科学研究院在陕西天文台总部临潼共同制定了利用电视插播标准时间和频率信号的国家标准。随后，我国在中央电视台 1、2、4 频道实现授时信号发播。

国内外对利用电视系统搭载时频信号的研究集中在 20 世纪七八十年代，主要分为利用有源法插播的地面传输应用研究和利用电视广播卫星的时间比对研究。利用微波链路的无源法同步精度为 1μs，有源法精度为 100ns，利用卫星电视的共视时间比对精度可以达到 10ns，通过路径修正可以达到更高精度。

随着数字广播技术新标准的出台及推广，旧的模拟电视广播系统已逐渐被取代，我国于 2005 年底全面停止了模拟卫星电视信号的发播，相应的卫星电视授时服务随之终止。原有模拟电视信号体制下的授时方法不能应用在新的数字电视广播体制中。近年来，中国科学院国家授时中心致力于基于数字电视信号体制的授时新技术研究，已在数字卫星电视信号授时和数字地面电视信号授时方面取得了突破性的研究成果，建立了相关实验测试平台，初步证明了数字卫星电视信号和数字地面电视信号进行高精度时间频率传递的可行性。

数字卫星电视授时系统具有覆盖广、用户多的特点，使用数字电视卫星单向链路进行高精度时间频率传递，可满足多个领域时间频率使用需求，具有系统建设周期短、成本低、用户设备简单、使用方便等特点，具有一定的社会经济价值。

数字卫星电视授时系统如图 7.3 所示。数字卫星电视授时的基本思想是，利用在数字卫星电视传输流中插入授时关键标志位，在接收端利用锁相环锁定数字卫星电视下行链路载波频率和传输码流速率，准确提取出授时标志内容并精确记录该标志位到达接收端精确时间；通过上行时延和卫星星历预报得到其他相关授时信息，从而完成整个数字卫星电视授时过程。

随着国家授时中心基于数字卫星电视信号体制下的授时技术研究取得的突破性进展，电视授时将会得到更广泛应用。

4. 短波授时

自 20 世纪初无线电授时以来，短波授时一直有着广泛的应用。短波波长为 10～100m，频率为 3～30MHz。短波授时是最早利用无线电信号发播标准时间和标准频率信号的授时手段，其授时的基本方法是由无线电台发播时间信号（简称"时号"），用户用无线电接收机接收时号，然后进行本地对时。随着科学技术的发

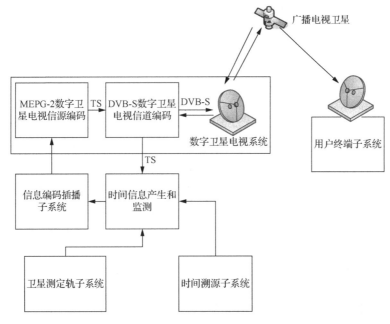

图 7.3　数字卫星电视授时系统

展，长波授时、电视授时、卫星授时等时间传递方法得到了迅速的发展，授时精度也有很大程度的提高，但对于大多数用户来说，由于短波授时覆盖面广、发送简单、价格低廉、使用方便而受到广大时间频率用户的欢迎。毫秒级精度的短波授时仍然是最廉价和简便的授时手段。一些工业和技术发达的国家，如美国，尽管电视授时和卫星授时已经很普及，短波授时仍然在发挥着作用。

　　目前，世界各地有二十多个短波授时台在工作，其短波时号形式各样，各有所长，这些特点是由各授时台的历史条件、现实需要与可能相结合产生的。比较著名的有美国的 WWVH 短波时号、日本的 JJY 短波时号和我国的 BPM 短波时号等。

　　国家授时中心 BPM 短波授时台于 1970 年建成，1970 年 12 月 15 日试播时号，后因需要进行扩建；1981 年经国务院批准正式开始我国的短波授时服务；1995 年实施了技术升级改造。BPM 短波授时台位于陕西西安东北面的蒲城县境内，采用标准频率 2.5MHz、5MHz、10MHz、15MHz 四种载频发送协调世界时 UTC 时号和一类世界时（UT1）时号，授时精度为毫秒级。协调世界时 UTC 时号固定超前 UTC（NTSC）20ms，控制的准确度优于 0.1ms，载波的准确度优于 5×10^{-11}。

　　BPM 短波授时台发播频率的选用随季节不同而有所变化，但在每一瞬间都有两个以上频率在工作，保证了 24h 的连续发播。BPM 短波授时发播频率安排如表 7.2 所示。

表 7.2　BPM 短波授时发播频率安排

载波频率 /MHz	发播时间	
	世界时 UT	北京时间
2.5	07:30～01:00	15:30～09:00
5	24h 连续	24h 连续
10	24h 连续	24h 连续
15	01:00～09:00	09:00～17:00

　　BPM 时号的发播程序是每半小时循环一次：0min～10min、15min～25min、30min～40min、45min～55min 发播 UTC 时号；25min～29min、55min～59min 发播 UT1 时号；10min～15min、40min～45min 发播无调制载波；29min～30min、59min～60min 为授时台呼号，其中前 40s 用莫尔斯电码发播 BPM 呼号，后 20s 用"标准时间标准频率发播台"的女声汉语普通话通告。

　　BPM 发播的 UTC 秒信号是用 1kHz 音频信号中的 10 个周波去调制其发射载频，以产生长度为 10 个周波的音频信号，其起点（零相位）为协调时的秒起点。每秒产生一个这样的时号，两个时号起始之间的间隔为协调时的 1s。UTC 整分信号是用 1kHz 音频信号中的 300 个周波调制其发射载频，以产生长度为 300 个周波的音频信号，其起点（零相位）为协调时的整分起点。一类世界时 UT1 秒信号采用 100 个周波调制载频形成 100ms 的调制信号，分信号采用 300 个周期去调制载频形成 300ms 的音频调制信号，其起点（零相位）为协调时的整分起点。

　　短波时号的传播与短波通信一样，通过两种途径传播到用户，分别为天波和地波，主要传播途径是天波。地波信号传播稳定，定时精度可达 0.1ms，但用户只能在距离短波发射台 100km 范围内使用。

　　对于绝大多数用户来说，短波时号主要靠电离层的一次或多次反射的天波信号来传播。由于电离层的种种变化，带来了天波传播的不稳定度，限制了短波定时校频的精度。电离层的不同分层和不同电子浓度使短波传播有着不同的最高可用频率，即超过此频率的电波将穿透电离层不再返回地面；对于不同的频率有着不同的寂静区，小于此距离的电波将穿透电离层；电离层的反射存在着最低可用频率，低于此频率时，电波通过电离层被严重吸收而不返回地面。此外，由于不规则性的影响，短波传播存在着明显的衰落、多径延时、多普勒频移以及突然骚扰引起的短期突然通信中断等，这些都会给短波时号的传播带来影响。

　　短波信号主要依靠电离层反射传播到远方，接收时必须考虑时间、地点、季节、频率等因素的影响。短波传播的特性是频率和时间的函数。在短波频段，电离层传播的不稳定度限制了时间频率比对精度，接收的载频信号的相位随着路径长度和传播速度的变化而起伏，这些起伏将频率比对的最高精度限制在 $\pm 1 \times 10^{-7}$，将时号的接收精度限制在 500～1000μs。

5. 长波授时

所有的罗兰 C 导航台链均使用同样的 100kHz 载频，因此导航台链采用发播识别脉冲的方式来区分每个独立台站。每个导航台链发播的脉冲组都包含该台链内每一个独立台站发播的脉冲，并按唯一的重复间隔进行发播。例如，7980 导航台链每 79.8ms 发播一个脉冲，每次发射的是一个脉冲组。脉冲能辐射至各个方向，地波平行地沿着地球表面传播，天波通过电离层反射传播。脉冲的波形经特殊设计以便让接收机区分出地波和天波信号，一般将信号锁定到较稳定的地波。大多数接收机是通过追踪脉冲的第三个周期来锁定地波信号，这样的选择主要基于两个原因：首先，它是先到达的脉冲，从而说明它是地波信号；其次，它的幅度大于第一个和第二个周期，便于接收机锁定。总之，在距离发射台 1500km 的范围内，接收机均可以分辨并锁定长波信号中的地波且不受天波的影响，从而传输路径改变引起的延迟可以降到最低，小于 500ns/d。但是，如果无线电信号的传输路径超过 1500km，接收机将会失锁并出现周期跳变现象。每次周期跳变会带来 10μs 的相位差，折算频率为 100kHz。

我国对长波授时技术的研究工作早在 20 世纪 60 年代初就已开始，BPL 长波授时系统是我国建成的第一个采用罗兰 C 信号体制的陆基高精度授时服务系统，1975 年开始建设，1983 年建成，1986 年通过国家鉴定。从 1983 年至今，该系统一直承担我国标准时间、标准频率发播任务，并为我国空间发射任务提供授时服务保障。

BPL 长波授时台发播频率为 100kHz，发射的信号为载波相位编码脉冲组。每个脉冲组有9个脉冲，前 8 个脉冲每两个间距为1000μs，后 2 个脉冲间距为2000μs，并加发秒脉冲信号。秒脉冲信号与脉冲组单脉冲相同，秒脉冲发播方法为在组重复周期的开始与秒时刻重合时，将脉冲组换成单脉冲，该脉冲即为秒信号。

BPL 长波授时台按主台发播，脉冲组重复周期为 60000μs。单脉冲的波形为指数不对称形，波形函数为

$$f(t) = \left(\frac{t}{\tau}\right)^2 e^{-2\left(\frac{t}{\tau}-1\right)} \tag{7.1}$$

其中，t 表示时间；τ 表示上升前沿。

BPL 长波授时台发播时刻准确度优于 1μs；发播频率准确度优于 1×10^{-12}；地波定时误差为 0.5～0.7μs；天波定时误差为白天 1.2μs，晚上 2.8μs；地波信号校频精度为 1×10^{-12}～3×10^{-12}；天波信号白天校频精度优于 1.1×10^{-11}d^{-1}，夜间校频精度优于 4.4×10^{-11}d^{-1}。

1979 年，我国正式确定建立罗兰 C 系统，即"长河二号"工程。"长河二号"工程的目的是在我国建立一种能为国家独立控制的远程无线电导航系统，以满足

用户的导航定位要求。工程分两期实施，一期工程南海台链于 1988 年完成，1990年投入试用并通过国家技术鉴定。南海台链采用铯束频标自由同步，从美国引进了先进的全固态发射机，建立了自动台链监测控制系统，具有完备的故障监测和快速恢复功能，系统设备及其性能都达到了国际罗兰 C 系统的先进水平。二期工程包括东海台链和北海台链，采用的是全套国产固态发射设备。1993 年东海台链和北海台链完成系统联试，1994 年投入使用。"长河二号"工程有 6 个地面发射台、3 个系统工作区监测站和 3 个台链控制中心，分别分布在吉林、山东、上海、安徽、广东、广西 6 个省（自治区、直辖市）。6 个地面发射台相互链接，构成3 个台链，其覆盖范围北起日本海，东至西太平洋，南达南沙群岛，在我国沿海形成了比较完整的罗兰 C 系统覆盖网。从 2006 年开始，"长河二号"逐渐增加了授时功能。

　　长波和短波一样，可用来传播标准时间频率信号，由于长波波长很长，适于远距离传播。长波的地波信号的作用距离在 1000～2000km，电导率较高的海面比陆地更有利于信号的传播。长波的天波信号依靠大气电离层的反射进行传播，天波比地波传播更远，距离达 2000～3000km。天波到达时间一般比地波晚约 30μs。长波信号的载频频率为 100kHz，即其周期为 10μs。

　　罗兰 C 系统发播时频信号的准确度随着信号传输路径的变化而变化，变化的幅度一般与信号的强度、与发射台的距离、天气和大气状况、天线和接收机的性能等有关。虽然传输路径的变化导致罗兰 C 系统短期稳定度较差，但是传输路径变化的长期平均值趋于零，因此其长期稳定度很好。这也就意味着只要有足够长的测量时间，就可以用罗兰 C 系统发播的频率信号校准任何频率标准。基于以上原因，使用罗兰 C 系统来校准铯原子振荡器时，测量时间不应小于 24h。罗兰 C系统与铯原子振荡器在 96h 内进行频率比对如图 7.4 所示，粗线是频率准确度的最小二乘估计。虽然有传输路径噪声的影响，但是通过计算粗线的斜率可以知道铯原子振荡器的输出频率比标准频率低了 3.4×10^{-12}。

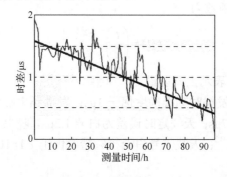

图 7.4　罗兰 C 系统与铯原子振荡器在 96h 内进行频率比对

　　6. 低频时码授时

　　低频授时系统通常是指工作于第五频段（30～300kHz）的长波授时系统，尤其是载频在 30～300kHz 的授时系统。该系统适于区域性的标准时间频率传输，传播的稳定度、覆盖范围的广泛性使其在各个领域发挥了重要作用。在工程方面，低频时码授时广泛应用于远距离可靠通信、标准时间频率传送、精确导航和水下与地下通信等业务。在物理方面，低频无线电波用于地球物理和空间物理的探测研究，并在不断地开发新的研究方法和手段。低频授时一类成功的应用是低频连续波系统，主要适合模拟秒脉冲调幅信号，并根据调制的脉宽给出一定的时间编码信息，故也被称为低频时码系统。

　　近年来，随着微电子技术的推广和应用，低频时码授时的产业化发展取得了突破性进展。电波钟就是低频时码接收终端的一种低精度民用产品。另外，低频时码授时技术已经应用在其他很多的行业，如交通、雷达、航空运输以及其他需要定时和同步的行业和部门。国际电信联盟标准频率与时间信号专家组对时码，包括长波时码，即低频授时技术的结论是，这是一种非常实用的技术，尤其适用于发展中国家。为了提高接收时码信息的可靠性，节约频谱资源，ITU 建议时码信息以低速率的方式在信道中进行传播。

　　低频时码授时有如下显著优点：

　　（1）可覆盖面积广大，地波可稳定覆盖半径约为 700km，一跳天波夜间最远可达数千公里。

　　（2）地波相位非常稳定，一跳天波相位也相对稳定，适于授时应用。

　　（3）可同时传送模拟信号和数字信号，这对大多数数字化设备非常有用的。

　　（4）用户设备简单，价格低廉，可大规模产业化生产。

　　2007 年，中国科学院国家授时中心在河南商丘建立了一座大功率、连续发播的低频时码商丘授时台，构筑了我国新一代低频时码授时系统，技术指标处于国际先进水平。低频时码商丘授时台沿用了 BPC 蒲城授时台采用的幅度键控调制体制，载波调制度为 90%，发射功率增加到 100kW，天线效率优于 50%，使北京、天津和长江三角洲等经济发达地区在低频时码信号的有效覆盖范围内。

　　BPC 低频时码授时发射台由原子钟、编码调制单元、发射机系统和天线系统组成，其功能是将 UTC（NTSC）秒信号和标准时间编码信息按规定程式和发播功率发播出去，提供符合高精度要求的授时信息。BPC 发射系统原理如图 7.5 所示。

　　BPC 低频时码授时系统是一个载频为 68.5kHz 的调幅无线发播系统。调幅脉冲下降沿的起始点，指示着国家授时中心 UTC 秒信号的发生时刻。调幅脉冲的宽度按制定的传输协议给出日历和时间的数字编码信息。调制速率为 1bit/s。BPC 载波调制波形示意如图 7.6 所示。低频时码信号采用了幅度与脉宽同时调制的方

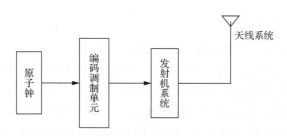

图 7.5　BPC 发射系统原理图

式。在每秒（除第 59 秒）开始时刻，载波幅度下跌原波幅的 90%，下跌脉冲不同的持续时间代表不同的数据信息，第 59 秒的缺省意味着下一分钟的开始。

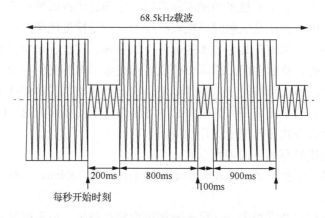

图 7.6　BPC 载波调制波形示意图

低频时码信号形式都是以 1s 为单位变化的，在 1s 中包含了信号的秒脉冲信息和时间编码信息。

7. 卫星导航系统授时

卫星导航系统虽然是一种导航定位系统，但导航定位的基本原理是时间同步，因此卫星导航系统也具有授时功能，并且是目前应用最广的授时系统之一。现有的卫星导航系统主要有美国的全球定位系统（GPS）、俄罗斯的全球导航卫星系统（global navigation satellite system，GLONASS），在建的有欧盟的伽利略卫星导航系统（Galileo satellite navigation system, GALILEO）和中国的北斗卫星导航系统（Beidou navigation satellite system, BDS）。

全球定位系统是一种无线电导航系统，隶属于美国国防部。该系统由 24 颗中轨工作卫星组成的星座构成，分为 21 颗主星和 3 颗备用星。每颗卫星都有独立的星载原子钟（铷原子钟或铯原子钟）并与美国海军天文台维持的标准时间进行比对，最终可溯源至美国的标准时间。24 颗卫星均匀分布在 6 个倾角为 55°的轨道面上，每颗卫星高度为 20000km，运行周期为 11h58min。24 颗卫星协同工作，保证在地球上的任何位置都能同时观测到 4 颗以上的卫星，因此地面的任意地方均可使用 GPS。

GPS 卫星发送两种不同载频的导航信号，载波 L1 为 1575.42 MHz，载波 L2 为 1227.60MHz。每颗卫星在 L1 和 L2 上调制有被称为伪随机噪声码（pseudo-random noise，PRN）的扩频信号，并通过 PRN 来辨别各个独立的卫星。PRN 有两种，第一种为粗码/捕获码，工作速率为 1.023Mbit/s，编码周期为 1ms；第二种为精码，工作速率为 10.23Mbit/s，编码周期为 267d，但每星期都复位一次。P 码只调制在载波 L1 上，而 C 码则调制在 L1 和 L2 上。GPS 信号是沿直线传播的，这就要求天线的对空视野必须开阔且无遮掩。

每颗卫星都装有铷原子钟或铯原子钟，或二者均有。星载原子钟提供载频和编码发播所使用的参考频率，由地面站监测每颗卫星的时间并与美国海军天文台（USNO）维持的地方协调世界时进行比对。美国国家标准局的协调世界时 UTC（NIST）与 USNO 的协调世界时 UTC（USNO）最大时差不超过 100ns，最大频率差不超过 1×10^{-13}。

大部分 GPS 接收机可以提供 1PPS 的输出信号，一些接收机也可以提供标准频率输出，如 1MHz、5MHz 或 10MHz。为了使用 GPS 接收机，只需简单架好天线并将天线连接至接收机，然后打开接收机就可以了。天线一般为锥形或碟形，必须安放在对空视野开阔无阻碍的室外。当打开接收机后，它将自动搜索天空中位于天线视野上方的卫星。在计算出自己的三维坐标后就可以输出时间频率信号，三维坐标是接收机天线所处的经度、纬度和高度。一般的接收机采用平行追踪的方法可为视野内每颗卫星分配一个单独的通道，能同时追踪 5～12 颗卫星。在对多颗卫星的数据求平均后，可以提高接收机输出时间和频率的准确度。

GPS 导航信号在很多性能指标上都优于长波无线电信号，如 GPS 导航信号更容易接受、接收机更便宜、覆盖范围更广、效果也更好。但是同其他传递标准一样，GPS 信号的短期稳定度依然不高，从而需要更长的时间来完成校准。与罗兰 C 系统类似，使用 GPS 校准原子钟时推荐的采样时间为不低于 24h。

为了说明以上结论，GPS 与铯原子振荡器在 100s 内进行频率比对，比对结果如图 7.7 所示。铯原子振荡器的频率准确度为 1×10^{-13}，而它在 100s 的采样时间中累积相位差小于 1ns。因此，图 7.7 中大部分相位噪声是由 GPS 导航信号的传输路径变化引起的。

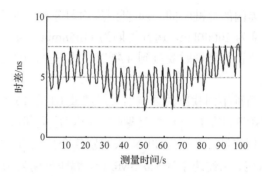

图 7.7　GPS 与铷原子振荡器在 100s 内频率比对结果

　　GPS 与铷原子振荡器在一周内频率比对结果如图 7.8 所示，纵轴的量程为
100ns。粗线是数据的最小二乘估计。虽然由 GPS 导航信号的传输路径变化引起
的相位噪声依然存在，但可以明显看出直线的斜率主要是由铷原子振荡器的频率
偏差引起的（小于 $1×10^{-13}$）。

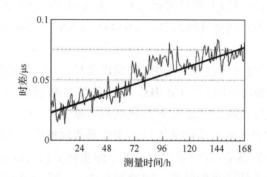

图 7.8　GPS 与铷原子振荡器在一周内频率比对结果

7.3　高精度时间频率比对方法

　　目前，常用的授时方法最高只能实现十纳秒精度，而有些用户需要纳秒甚至
亚纳秒的时间同步精度，就需要使用两点间直接比对的方法，主要有基于卫星导
航系统的共视法、卫星双向时频传递方法和卫星激光时间传递方法。

7.3.1　卫星导航系统共视法

1. 共视法的原理

　　实验室的本地时间和国家标准时间是两个时间尺度，理想的比对方法是放入
同一个实验室，连接到同一个相位比较器中进行比对。相位比较器一般选择时间

间隔计数器。实际中，将两个时间尺度放入同一个实验室既不现实也不值得，可以将两个时间尺度与一个两者都可以接收的共同参考进行比对，每一个站点记录测量结果并交换数据，两者相减就可以获得两个时间尺度的差。共视信号可以被看作是传递参考，其影响在相减过程中被抵消（杨旭海，2003；杨旭海等，2003；Davis et al.，2001；王正明，1998；De et al.，1997；Allan，1994；Allan et al.，1980）。

为了形象说明共视法的工作原理，假定居住在小镇两边的两个人，他们想比较各自家里祖传座钟的读数。如果能够把钟表搬到一个房间里进行比较，是一个非常容易解决的问题。但是，搬动钟表是不实际也是没有价值的，两个人可以让第三个人在小镇的中间吹哨子，每一个人记下他们钟表显示的时间。记录完成以后，他们打电话或者通过信件交换记录的数据。如果第一个钟读数是 12:01:35，第二个钟的读数是 12:01:47，通过简单的相减就可以确定第二个钟在哨子吹响时比第一个钟快 12s。在这个过程中，哨子响起的时间是无关紧要的，重要的是同时听到并且同时记录时间，如果能做到这一点，该比对方法是成功的。

共视法在时间测量领域已经使用了数十年，有多种信号被作为传递参考。一个值得注意的共视测量是使用 WWV 无线电信号，1955～1958 年，美国华盛顿的海军天文台和英国特丁顿的国家物理研究所同时测量华盛顿的 WWV 电台时间信号。美国海军天文台比较 WWV 授时信号与世界时，英国国家物理研究所比较 WWV 授时信号与他们新发展的铯标准时间尺度。根据这个测量结果，美国海军天文台和英国国家物理研究所对天文时间的秒长和原子时的秒长进行了符合，促使把原子时的秒长定义为铯原子能级跃迁 9192631770 周所持续的时间。以后的发展中，共视法使用很多种信号作为传递参考，包括罗兰 C、广播电视、60Hz 电力线信号，甚至是脉冲星的脉冲。1978 年，GPS 卫星发射以后精度极大提高，这是因为 GPS 卫星发射的信号在发射端和接收端有一个清晰的路径，并且基本上是相同的，它是非常理想的共视参考信号。GPS 共视的性能比以前使用罗兰 C 共视的性能提高了 20～30 倍，GPS 共视法很快就被计算协调世界时的国际计量局（The International Bureau of Weights and Measure，BIPM）所采用，直到今天都在使用这种方法。

2. GPS 共视法的原理

GPS 共视使用一颗或者多颗 GPS 卫星作为共视参考，GPS 共视有多种实现方法，目的只有一个，实现远程时间和频率比对。GPS 共视法如图 7.9 所示。GPS 共视法包括 GPS 导航卫星，用 S 表示，两个接收站 A 和 B，每个接收站有一台 GPS 接收机、一台时间间隔计数器、产生本地时间信号的设备。

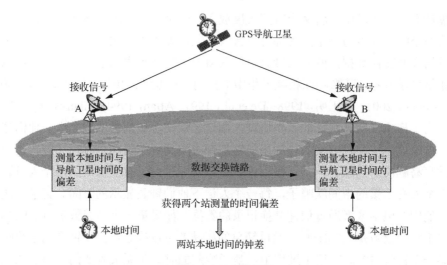

图 7.9　GPS 共视法

卫星发射的时间信号到达 A 和 B，A 和 B 都将接收到的 GPS 信号与本地时间信号进行比对。这样，A 站接收经过路径 d_{SA} 的 GPS 信号并测量出卫星广播时间与本地钟的钟差（ClockA-ClockS），B 站接收经过路径 d_{SB} 的 GPS 信号并测量出卫星广播时间与本地钟的钟差（ClockB-ClockS）。两站随后交换数据并相减，对于路径 d_{SA} 和 d_{SB}，相同的时延被消去，但不同的时延会导致测量的不确定度。测量的结果是（ClockA-ClockB）和误差项（$d_{SA}-d_{SB}$）。这样，GPS 共视法测量的基本等式为

$$(\text{ClockA} - \text{ClockS}) - (\text{ClockB} - \text{ClockS}) = (\text{ClockA} - \text{ClockB}) + (d_{SA} - d_{SB}) \qquad (7.2)$$

组成误差项 $d_{SA}-d_{SB}$ 的各部分可以被测量和估计，并且星钟误差和其他对两站相同的误差可以在相减过程中消去，采用适当的改正方法来减小测量的不确定度，可以将误差降低到 5ns 以下。误差项 $d_{SA}-d_{SB}$ 不但包含信号从卫星到接收天线的时延，也包含信号在接收机中的时延。成功测量的关键是对每个站的时延很好计算并改正。这就意味着共视系统必须被准确校准，以使相对时延尽可能接近于零。

GPS 共视法在国际原子时（international atomic time, TAI）的国际合作中起了主要作用。为了改进 TAI，时间频率咨询委员会（Consultative Committee for Time and Frequency, CCTF）成立了专门工作组——GPS 时间传递规范工作组（Group on GPS Time Transfer Standards, GGTTS），研究并形成了 GPS 共视法接收机的软件技术规范。要求接收机生产厂家采用该统一的规范开发软件，软件包括相同的观测程序和相同的数据处理方法。在 GLONASS 卫星系统投入运行之后，GLONASS

共视法接收机也采用了这一规范。对于单通道 GPS 和单通道/双通道 GLONASS 接收机，BIPM 每半年发表一次共视时间表，供世界各国使用。对于多通道 GPS 和 GLONASS 接收机，无需共视时间表。不管是单通道接收机还是多通道接收机，共视跟踪卫星的时间有一个共同的起算历元，1997 年 10 月 1 日 UTC 0h。从这个历元起，每 16min 为一个跟踪时间段，其中 13min 为跟踪卫星时间，另外 3min 用于数据处理和下一段跟踪的准备。每天有 89 个 16min 段和一个 12min 段，以便按 GPS 和 GLONASS 的恒星日轨道周期观测。该软件技术规范给出了每个跟踪段 780s（13min）的卫星跟踪数据处理方法及输出数据的时间传递标准（common GNSS generic time transfer sandard, CGGTTS）格式。

3. 全视法时间比对的原理

在 GPS 时间传递中，常用码观测量来测量本地时钟与卫星时钟的钟差，这种测量方法中的主要误差源：在卫星端有卫星轨道与卫星钟误差；在接收机端有测量噪声、多径、天线位置误差；信号传递误差有对流层和电离层传递延迟。共视法消除或大大降低了两个观测站所共有的误差。在过去，时间传递的主要误差来源为卫星钟和卫星轨道误差。另外，共视法要求两站能同时观测同一颗卫星，因此需要专用的跟踪表。随着链路长度的增加，可以观测到的卫星数目将减少，特别是信噪比较高、对流层和电离层信号传播延迟特性较好的高俯仰角卫星。

共视法有其优势，也有很多缺点，因此就出现了全视法，它是对所有可以在实验室 k 测量到的结果进行平滑处理，完成对[UTC(k)-REFT]的估计，其中 REFT 表示卫星钟参考时间。在全视方法中，两个实验室之间的时间传递可由它们的 [UTC(k)-REFT]得到。两个实验室观测的卫星可能不同，当然，它没有抵消掉卫星轨道与卫星钟的误差。采用国际 GNSS 服务（The International GNSS Service, IGS）组织发布的精密星历和钟差测量值归算到与 IGS 时间的差，能实现精度优于 1ns 的比对。

IGS 是一个全球合作机构，它包含了分布于世界各地数百个测站组成的网络及许多发布数据产品的分析中心与数据中心。20 世纪 90 年代初，IGS 就开始提供 GPS 卫星精确轨道参数服务，并扩展到其他新的 GNSS 系统。2000 年，IGS 开始提供高精度时钟产品，即高精度卫星钟相对于参考时钟的偏差。2004 年 3 月，该钟差的参考时钟为 IGS 时间（IGS time, IGST），这是一个由 IGS 运行保持的非常稳定的综合时间尺度。目前，IGST 可以实现 1d 平均时间内稳定度达到 10^{-15}。因此，GPS 共视法时间传递主要消除的误差源为卫星轨道与钟差，全视法使用 IGS

的数据，消除了这两项主要误差。现在主要的误差来源于接收机本身及周围环境，这些误差对两种方法都有影响，但是在全视法中，可以通过对大量数据的平滑处理来抑制大部分误差。

为了分析不确定度，需要分析各种因素对 GPS 伪码测量影响程度，将 0.1ns 作为判断影响是否重要的门限，这个门限的选择与 TAI 报道的精度一致。使用 IGS 产品并建立适当的地壳运动模型，主要是固体地球潮，则几何精度因子（即卫星轨道与测站实时位置）对时间传递的影响可以忽略，也就是说由几何精度因子引起的残留误差小于 0.1ns。同样，由 IGS 确定的采用与定轨处理方法完全相同方法的卫星钟误差也小于 0.1ns。采用双频接收机进行多个小时的平均，电离层传递延迟也可以确定在相同量级的精度上（除非在这段时间存在多次电离层剧烈活动）。

剩下可以达到 0.1ns 的影响因素的误差：多径效应误差，主要是短期影响，可能会产生 1ns 或更大的长期偏差；对流层延迟误差，短期噪声加零点几纳米的慢变偏移，这种慢变偏移是随着每天的气象条件而变化。这两种误差再加上测量噪声是影响时间传递不确定度的主要因素。需要注意的是，尽管测量噪声经过多个小时的平滑处理后能够达到 0.1ns 的误差量级，但是多径效应误差和误差量级更低的对流层延迟误差，两项误差的均值将不为零。伪多径效应似乎限制了采用共视法和全视法伪码时间传递的最终极限精度，但伪码对全视法的影响相对较小，这是因为全视法利用了更多高俯仰角卫星的观测信息。除了伪码观测量，测地型接收机的相位观测量有利于降低多径与对流层的影响。实际上，相位多径效应要比多径效应小得多，并且相位观测量可以用来确定不同俯仰角的平均对流层延迟。

大量数据分析证明，全视法相对于共视法有很大的改善，但是在短基线情况下这两种方法是等价的。全视法性能的提高包含两个原因：其一，它利用了更多的测量数据，使得在较短的平均时间内时间变得更稳定，因此较容易达到比对时钟的稳定度等级；其二，从统计意义上讲，全视法在长时间内更接近较精确的卫星双向时间比对与精密单点定位时间比对的结果，因此比共视法具有更低的系统误差。前面已经提到，系统误差是由多径效应或对流层延迟，或是在使用单频接收机情况下电离层误差产生的。尽管全视法无法消除这些误差源，但是它可以选择平均几何精度因子较好的样本数据和平均俯仰角较高时的观测数据来降低各种误差的影响。

7.3.2　卫星双向时频传递方法

通过地球静止轨道（geostationary orbit, GEO）卫星的卫星双向时间频率传递

（two-way satellite time and frequency transfer, TWSTFT）方法是 BIPM 国际时间比对所采用的主要方法之一。由于 TWSTFT 方法信号传播路径对称，链路上所有传播路径的时延几乎都可以抵消，能达到很高的时间同步精度。TWSTFT 准确度可达到 1ns，稳定度可达到 100ps（李志刚等，2008，2002；Yang et al.，2007；Giffard et al.，1996）。

基于 GEO 卫星的 TWSTFT 原理如图 7.10 所示。地面站 A 站的钟 A 的时间作为计数器的开门信号，同时，钟 A 的时间控制信号的发射时间，A 站发出的信号经卫星转发后到达 B 站，B 站接收后恢复出秒信号，作为 B 站计数器的关门脉冲。B 站的信号也经过类似的过程到达 A 站，作为 A 站计数器的关门信号。两站信号尽可能同时发射，使信号路径最大程度相等。

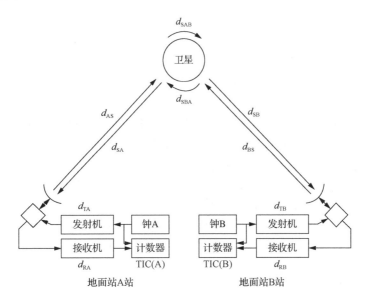

图 7.10 基于 GEO 卫星的 TWSTFT 原理图

两站间的时间同步量计算方法如下：

$$\mathrm{TIC(A)} = A - B + d_{\mathrm{TB}} + d_{\mathrm{BS}} + d_{\mathrm{SBA}} + d_{\mathrm{SA}} + d_{\mathrm{RA}} + S_{\mathrm{B}} \tag{7.3}$$

$$\mathrm{TIC(B)} = B - A + d_{\mathrm{TA}} + d_{\mathrm{AS}} + d_{\mathrm{SAB}} + d_{\mathrm{SB}} + d_{\mathrm{RB}} + S_{\mathrm{A}} \tag{7.4}$$

式中，TIC(A)和 TIC(B)为时间间隔计数器的读数；A 和 B 为两站各自的钟面时间；d_{xx} 为如图 7.10 所示各自的传播时延；S_{A} 和 S_{B} 为 Sagnac 效应改正，是由地球自转引起的一种相对论改正，此处，$S_{\mathrm{B}} = -S_{\mathrm{A}}$。$S_{\mathrm{A}}$ 指信号从 A 站发出到达卫星，转发后再到达 B 站总共的 Sagnac 效应；S_{B} 是指信号从 B 站发出到达卫星，转发后再到达 A 站总共的 Sagnac 效应。

TIC 值在正常情况下总为正，因为对 GEO 卫星来讲，信号从地面到卫星再返回地面，所需的时间大约为 0.25s；对 MEO 卫星，也在 0.15s 左右。对 TWSTFT，一般会在正式比对之前，实现两站原子钟的粗同步，精度在 1ms 之内。

式（7.3）减去式（7.4），再移项：

$$
\begin{aligned}
A-B &= [TIC(A)-TIC(B)]/2 & \text{计数器读数} \\
&+ (d_{TA}-d_{RA})/2-(d_{TB}-d_{RB})/2 & \text{地面站设备时延} \\
&+ (d_{AS}-d_{SA})/2-(d_{BS}-d_{SB})/2 & \text{空间传播时延} \\
&+ (d_{SAB}-d_{SBA})/2 & \text{卫星时延} \\
&- 2\omega Ar/c^2 & \text{Sagnac 效应}(-2\omega Ar/c^2\text{相当于}-S_B\text{或}+S_A)
\end{aligned}
$$

$$(7.5)$$

式中，第一行表示计数器读数的计算；第二行表示地面站设备时延的计算，可通过事先测量得到；第三行表示空间传播时延的计算；第四行表示卫星时延的计算，可以完全抵消；第五行表示 Sagnac 效应的计算，可通过公式准确计算。空间传播时延包括三个部分：几何路径时延、电离层延迟和对流层延迟。对流层延迟可以完全抵消；电离层延迟在使用 Ku 波段时基本上可以抵消，在使用频率较低的波段时需要考虑。

虽然从每个站到卫星上行和下行的几何路径时延是相同的，但由于信号上下行的频率不同，对一给定信号频率 f，电离层延迟与 f^{-2} 成正比。但对于 Ku 波段，这一项引起的时差为 100ps。对流层引起的路径不对称非常小，可忽略不计。

TWSTFT 方法的优点是发射和接收路径相同，方向相反，消除了卫星、测站位置误差的影响，最大限度地降低了电离层延迟误差、对流层延迟误差的影响，而且通信卫星较宽的带宽有利于信号设计，受温度影响小。TWSTFT 方法的精度比 GPS 或 GLONASS 卫星共视法的精度高一个数量级。

7.3.3　卫星激光时间传递方法

卫星激光时间传递可以用于星地钟之间的时间比对，也可以用于两个地面站之间的时间比对。星地激光时间传递硬件系统框图如图 7.11 所示（《计量测试技术手册》委员会，1996）。

星地激光时间传递原理如图 7.12 所示。从地面站向卫星发送激光脉冲，然后由卫星上的后向反射器把激光脉冲反射回地面站。设卫星钟和地面钟秒脉冲的时间差为 ΔT。如果暂不考虑星地相对运动和设备时延等因素，星地时间系统的钟差为

$$\Delta T = \frac{t_s + t_r}{2} - t_b \tag{7.6}$$

式中，t_s 为激光脉冲由地面站向卫星发射时的地面钟时刻，s；t_r 为该激光脉冲由

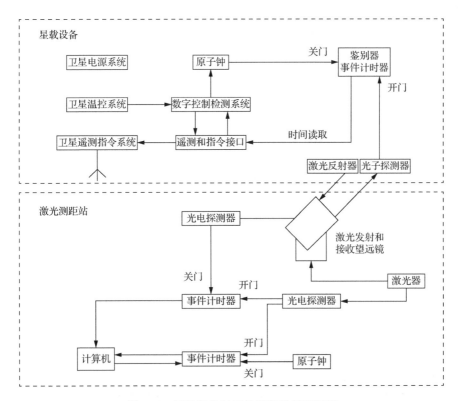

图 7.11 星地激光时间传递硬件系统框图

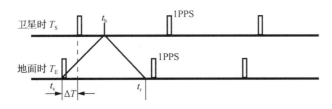

图 7.12 星地激光时间传递原理图

卫星后向反射器反射回到地面站时的地面钟时刻，s；t_b 为该激光脉冲到达卫星时的卫星钟时刻，s。

如果地面上另一个站也与该卫星进行激光时间传递，而且涉及星地相对运动和设备时延等因素，如图 7.12 所示，式（7.6）中的各项对于地面站 1 分别改写为 ΔT_1、t_{s1}、t_{r1} 和 t_{b1}，式（7.6）改写为

$$\Delta T_1 = \frac{t_{s1} + t_{r1}}{2} - t_{b1} - \frac{\tau_1}{2} + \varepsilon_1 + \delta_1 \tag{7.7}$$

式中，τ_1 为地面站 1 的系统时延，s；ε_1 和 δ_1 分别为地面站 1 发出激光脉冲的设备时延和由星地间相对运动造成的相对论修正项，s。

同理，有

$$\Delta T_2 = \frac{t_{s2} + t_{r2}}{2} - t_{b2} - \frac{\tau_2}{2} + \varepsilon_2 + \delta_2 \tag{7.8}$$

由式（7.7）和式（7.8）可以得到两个地面站之间的钟差：

$$\Delta T_{12} = \Delta T_1 - \Delta T_2 \tag{7.9}$$

参 考 文 献

胡永辉, 漆贯荣, 2000. 时间测量原理[M]. 香港: 香港亚太科学出版社.

《计量测试技术手册》委员会, 1996. 计量测试技术手册 第 11 卷[M]. 北京: 中国计量出版社.

李志刚, 李焕信, 张虹, 2002. 卫星双向法时间比对的归算[J]. 天文学报, 43(4): 132-139.

李志刚, 杨旭海, 施浒立, 等, 2008. 转发器式卫星轨道测定新方法[J]. 中国科学: G 辑, 38(12): 1711-1722.

漆贯荣, 郭际, 王双侠, 2000. 时间科学[M]. 西安: 陕西科学技术出版社.

王正明, 1998. 关于 GPS 测时精度与共视问题[J]. 陕西天文台台刊, 21(2): 17-22.

吴守贤, 1983. 时间测量[M]. 北京: 科学出版社.

杨旭海, 2003. GPS 共视时间频率传递应用研究[D/OL]. 西安: 中国科学院研究生院(国家授时中心). https://kns. cnki.
net/kcms/detail/detail.aspx?dbcode=CDFD&dbname=CDFD9908&filename=2003112209.   nh&uniplatform=NZKPT&v=
KOwn-z0CnZNjaTnxdgC-ZMiY8C1DqWPs94gg7V6uJQ5NAhjWwmBG_8Vz3LknIn5K.

杨旭海, 胡永辉, 李志刚, 等, 2003. GPS 近实时共视观测资料处理算法研究[J]. 天文学报, 44(2): 204-214.

ALLAN D W, 1994. Technical directives for standardization of GPS time receiver software: To be implemented for
improving the accuracy of GPS common-view time transfer[J]. Metrologia, 31: 69-79.

ALLAN D W, WEISS M A, 1980. Accurate time and frequency transfer during common-view of a GPS satellite[C].
Proceedings of the 34th International Frequency Control Symposium, Honolulu, USA: 334-346.

DAVIS J A, SHEMAR S L, CLARKE J D, 2001. Results from the National Physical Laboratory GPS common-view time
and frequency transfer service[C]. Proceedings of the 33rd Annual Precise Time and Time Interval(PTTI)Meeting, Long
Beach, USA: 99-110.

DE J G, LEWANDOWSKI W, 1997. GLONASS/GPS time transfer and the problem of the determination of receiver
delays[C]. Proceedings of the 29th Annual Precise Time and Time Interval(PTTI)Meeting, Reston, USA: 229-240.

GIFFARD R P, CUTLER L S, KUSTERS J A, et al., 1996. Continuous multi-channel common-view L1-GPS
time-comparison over a 4, 000 km baseline[C]. Proceedings of the IEEE International Frequency Control Symposium,
Honolulu, USA: 1198-1205.

HELLWIG H, 1999. The pervasive societal impact of time and frequency[C]. Proceedings of the 31st Annual Precise Time and Time Interval(PTTI)Meeting Dana Point, USA: 7-15.

LEWANDOWSKI W, AZOUBIB J, 2000. Time transfer and TAI[C]. Proceedings of the IEEE/EIA International Frequency Control Symposium and Exhibition, Kansas City, MO, USA: 586-597.

OCCHI T, HUTSELL S T, 1999. Feedback from GPS timing users: Relayed observations from 2 SOPS[C]. Proceedings of the 31st Annual Precise Time and Time Interval(PTTI)Meeting, Dana Point, USA: 29-41.

YANG X H, LI Z, HUA A, 2007. Analysis of two-way satellite time and frequency transfer with C-Band[C]. Proceedings of the 2007 IEEE International Frequency Control Symposium, Geneva, Switzerland: 901-903.

第8章 时间频率的溯源及远程校准

时间频率可以直接将国家标准时间传递到用户,也就是说,用户可以直接溯源到国家标准时间。从短波授时系统、长波授时系统到现在的全球定位系统,都是直接传递国家时间标准的系统。普通的 GPS 控制振荡器并不能实现溯源,需要进行一系列的处理才能实现溯源。本章主要介绍 GPS 控制振荡器的原理和溯源方法,并以实际系统举例说明。

8.1 GPS 控制振荡器及其溯源

GPS 控制振荡器已经成为工业上参考频率产生的一个标准设备,尽管 GPS 的发射信号可以溯源到美国海军天文台的标准时间,但 GPS 控制振荡器并不会自动溯源到国际标准。如果能控制 GPS 控制振荡器,其输出频率是可以溯源的。通过合适的链路比较受控制的振荡器与接收到的 GPS 传递标准进行溯源,这个链路要求测量的不确定度能够准确量化,并实时记录。

本节以瑞士钟摆公司的 GPS98 模块为例,说明 GPS 控制振荡器的溯源过程,使用内置的测量系统对本地振荡器和 GPS 传递标准进行比对,并保存校准数据,完成溯源过程。存储器内存储超过两年的频率偏差、频率调整数据,通过计算机,用户可以看到 GPS 控制振荡器的整个校准过程。

8.1.1 溯源的含义

按照 ISO 在 1993 年出版的《计量学基本词汇和术语》,溯源的定义:测量结果或标准频率值能通过一系列完整的满足给定准确度的比对后溯源至规定的参考,通常为国际或国家频率基准(Lombardi et al.,2005,2003;Lombardi,2004;Ehrlich et al.,1998;Allan et al.,1972)。

这个定义较为宽泛,并没有给出一个溯源时效性要求。为实现溯源,用户校准设备两次校准间隔的时间越长,校准的时效性就越差。溯源是校准当前时刻,校准一次能够保持的时间并不明确,ISO 的定义中也没有给出,因此需要一个更加全面的定义。1996 年,美国国家标准技术研究院的 Hebner 博士进一步扩展了溯源的定义:溯源只在有可记录的结果说明测量不确定度的时候发生,记录的结果要求是科学严谨的,并且是连续的。

新定义中要求比对是连续的，也可以把连续理解为周期性校准。为保证校准标准的不确定度满足要求，需要非常慎重地设置比对间隔时间。另外，只有可以记录比对或者校准的测量过程，才能称为溯源。大部分 GPS 接收机虽然能够向国际时间标准溯源，但无法记录整个比对测量过程。

8.1.2　基准和传递标准

因为频率是周期的倒数，时间和频率是联系在一起的，频率的单位赫兹等于秒的倒数。国际上关于国际单位制秒的定义是建立在铯原子的特性上，将基态两个超精细能级之间跃迁的振荡频率定义为 9192631770Hz，国际单位制秒就是这个频率持续 9192631770 周的时间。

如果能接受制造商标明的不确定度，则不需要对基准型铯原子频标与更高级准确度的标准进行比对校准，但是仍需监测铯原子频标，以防出现异常情况。国家守时实验室有责任维持国家的时间频率标准，并最少与一个或两个铯原子频标进行比对，也可以使用 GPS 卫星共视与其他国家的基准频标进行比对。

商业铯原子频标典型的频率不确定度是 1×10^{-12}，国家守时实验室通过连续与其他国家的国家标准或者是协调世界时进行比对，可以将不确定度降低到 1×10^{-13} 或者更低。

其他独立运行的时间频率基准是二级标准，需要周期性溯源到国家标准。二级标准主要有铷原子振荡器或者铯原子振荡器。

GPS 控制振荡器使用 GPS 卫星的信号作为时间频率的传递标准，在 GPS 发射端，发射信号由铯原子频标控制（Lombardi et al.，2005，2003；Lombardi，2004）。

GPS 发射的标准可以溯源到国家或者国际频率标准，但是与其他无线电信号一样，接收到的 GPS 信号有很大抖动，不能作为一个稳定的频率参考。一般使用接收到的 GPS 信号来控制一个二级振荡器。

用户一般会误认为 GPS 接收机会自动溯源到国际标准，控制本地振荡器的信号是传递标准，传递标准溯源到美国海军天文台的标准。但是，从上面的分析可知，大部分接收机无法记录比对结果。

8.1.3　时间频率的溯源链路

协调世界时作为国际时间标准，是世界上近 500 台原子钟输出时间的平均。UTC 由 BIPM 进行管理，使用 GPS 卫星共视等方法进行比对获得原子钟间的钟差。通过 UTC，每个国家可以获得其时间与其他国家时间的偏差，这个偏差由 BIPM 通过 T 公报向世界公布。

GPS 卫星的原子钟根据 USNO 的标准时间控制。NIST 也连续接收 GPS 信号并与 NIST 的标准时间进行比对，记录 GPS 数据并每天在互联网上更新。

因为 NIST 和 USNO 的时间都可以溯源到 UTC，通过 UTC（USNO）和 UTC（NIST）的连续比对，GPS 卫星信号可以作为时间频率的传递标准，直接溯源到 NIST，或者通过共视法和 BIPM 的 T 公报溯源到其他国家对 UTC 有贡献的守时实验室。溯源链路如图 8.1 所示。

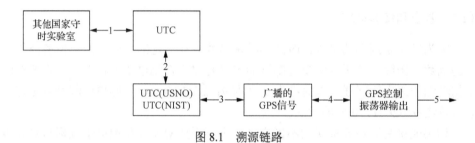

图 8.1　溯源链路

溯源要求连续的比对链路，每一部分都有确定的不确定度并可以用文件记录，图 8.1 溯源链路如下：

1 号链路是国家守时实验室的时间频率标准与 UTC 的比对，基于 GPS 共视比对和卫星双向时频比对的时间偏差测量值在 BIPM 的 T 公报中发布，各种比对的不确定度也在 T 公报中公布。

2 号链路是 GPS 的传递标准和 NIST 或 USNO 之间的比对，比对偏差和不确定度由 NIST 每天在互联网上公布。

3 号链路是广播过程，从卫星发射到接收机 1PPS 输出。不确定度主要来源于信号路径变化、多径干扰和太阳噪声。如果发射信号有选择可用性（selective availability, SA）干扰时，其影响最大。链路上的不确定度与平均时间有关，在天和周的平均时间内，不确定度小于 1×10^{-12}，而 1s 平均时间的不确定度约为 1×10^{-8}，多通道接收机也可以对多颗卫星的数据进行平均以减少不确定度。短期不确定度也受接收机位置的影响（位置保持模式和定位模式）。

4 号链路包括 GPS 控制振荡器中对本地振荡器的控制过程，不确定的主要因素有比对电路、控制算法、振荡器老化和本地振荡器随温度的变化。

实际使用中，1 号链路和 2 号链路的不确定度很小，与 3 号链路和 4 号链路相比可以忽略。

根据瑞典国家计量院的实际测量结果，工业多通道 GPS 接收机摩托罗拉 OnCore 6 通道接收机输出秒信号可以确定相对频率偏差，每天的变化小于 2.5×10^{-13}，不确定度小于 5×10^{-13}（$k=1$）。接收机输出的秒信号与 UTC（SP）的相位差如图 8.2 所示，每 10min 一个数据，一天共 144 个数据，根据相位差随时间的变化，使用最小二乘法可以确定平均 24h 的频率偏差。

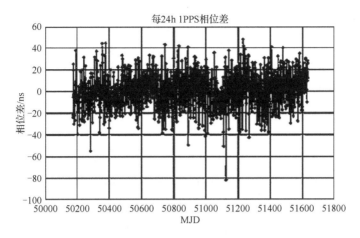

图 8.2　接收机输出的秒信号与 UTC（SP）的相位差

上面的结果说明，使用位置固定模式，一个信号接收情况良好的接收机，输出的 1PPS 在 24h 平均时间内的频率不确定度小于 $5×10^{-13}$（$k=1$）。从 NIST 公布的数据中也可以得到这个结论，NIST 设计的基于 GPS 的频率校准系统测量的不确定度为 $5×10^{-13}$。

图 8.1 中 4 号链路每天的频率偏差和不确定度与实际频率标准的设计有关，主要的影响因素是测量的分辨率、控制算法、本地振荡器的老化和温度变化。商业化的 GPS 控制频率标准对用户隐藏了这个过程，没有办法计算不确定度。然而，瑞士钟摆公司的集成校准系统引入了新的方法，本地振荡器的 1PPS 信号与 GPS89 模块的 1PPS 信号进行连续的相位比对，使用最小二乘法，根据相位数据计算出每天的平均频率偏差，并把结果存储在存储器中。

使用计算机连接频率标准，可以获得相位波动数据，打印出任何时间的频率偏差和相关的不确定度。

8.1.4　作为频率标准的 GPS 控制振荡器

使用 GPS 控制振荡器作为本地频率标准成为公司、研究所和实验室的首选设备，主要原因有五点：

（1）全球都可以接收 GPS 卫星信号；

（2）每天可以 24h 连续接收卫星信号；

（3）考虑到安全性和冗余性，GPS 包含 24 颗在轨卫星，不会因为其中的 1 颗或者 2 颗卫星失效而不能工作；

（4）频率不确定度好，使用 GPS 的不确定度比其他无线电系统要低；

（5）如果设计合适可以实现溯源。

典型的商用 GPS 接收机结构如图 8.3 所示，包含接收模块、本地振荡器和控制系统。接收模块，即为 GPS 发动机，包含无线电接收机、解调器和微控制器，收集 GPS 卫星的位置和定时信息，并控制其振荡器，最后输出 1PPS。这个 1PPS 因为短期稳定度差，有很大的抖动，有 SA 的时候，秒信号的抖动有几百纳秒，这表示频率不稳定度为 10^{-7}，同时接收几颗卫星的信号可以通过平均来减小抖动（Jones，2000；Lewandowski et al.，1999）。

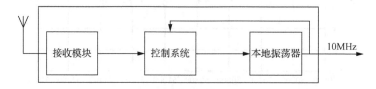

图 8.3　典型的商用 GPS 接收机结构

　　正如上面提到的，接收机在接收条件良好的情况下，24h 的平均频率偏差不确定度优于 10^{-12}。为组合使用长期稳定度并提高短期稳定度，GPS 控制振荡器通常内置本地压控振荡器，持续与接收机的 1PPS 信号进行比对。控制系统采用适当的时间常数调整本地振荡器，本地振荡器越稳定，时间常数越大。如果使用铷原子钟作为本地振荡器，时间常数可以设为几小时，而对于石英晶体振荡器，时间常数需要缩小约至 1/100。GPS 控制铷原子钟和控制石英晶体振荡器的这种差别在 100s 和 1000s 的时间比较频率稳定度时特别明显。

　　GPS 控制振荡器输出频率的不确定度与测量频率的测量时间有关。大部分 GPS 控制振荡器在 24h 平均下不确定度优于 10^{-12}。短时间内频率变化与控制算法和本地振荡器的性能有关，对 100s 的测量时间，铷原子振荡器的稳定度仍然为 10^{-12}，但恒温晶体振荡器的稳定度在 $10^{-11} \sim 10^{-10}$。GPS 控制恒温晶体振荡器的频率变化如图 8.4 所示，是由瑞士钟摆公司测量晶体振荡器的频率变化。GPS 控制铷原子振荡器的频率变化如图 8.5 所示，也是由瑞士钟摆公司测量的。可以看出，两图的坐标相同，几个小时的测量结果说明本地铷原子振荡器在 100s 测量时间的稳定度要优于恒温晶体振荡器。

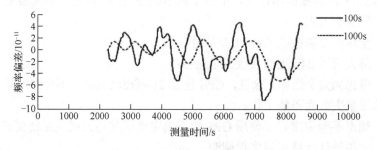

图 8.4　GPS 控制恒温晶体振荡器的频率变化

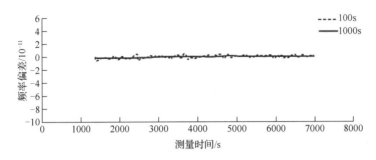

图 8.5　GPS 控制铷原子振荡器的频率变化

8.1.5　频率偏差的校准

不是所有 GPS 控制振荡器输出的频率标准都可以溯源到 NIST 或者其他国家的频率标准。正如 8.1.1 小节提到的，溯源要求在本地振荡器和 GPS 信号之间有可记录的比对过程，并产生测量结果的记录文件。用户要能获得比对数据，大多数的商用频率标准是没有的。信号从天线输入到最后输出频率，整个过程对用户来说是"黑匣子"。如图 8.3 所示，为了实现溯源，GPS 控制振荡器必须采用如时间间隔计数器等方式与另外一个频率标准进行相位比较。

同外部频率比对的方法，两个同样频率标称值的稳定频率源间频率偏差的比对最好采用时间间隔误差测量仪或者高分辨率时间间隔计数器。时间间隔测量仪给出两个信号的相位差，重复测量，就得到相位差在一段时间内的漂移。因为频率是相位的导数，所以两个信号间的频率差就等于时间间隔误差曲线的斜率。

一段时间内时间间隔误差变化曲线如图 8.6 所示，该曲线斜率等于频率偏差。测量两个稳定信号的正向过零点间的时间间隔，如果在某时刻时间间隔是 30ns，过 100s 后时间间隔变为 35ns，在观测的时间段内相位漂移了 5ns，在这 100s 内，平均频率差为 5ns/100s=5×10^{-11}。

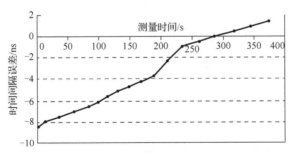

图 8.6　一段时间内时间间隔误差变化曲线

如果平均时间是 24h，频率偏差最好的估计方法是使用最小二乘法对时间间隔数据进行拟合，一般使用计算机实现（李雨薇，2019）。

8.1.6　GPS 控制振荡器的可溯源性

瑞士钟摆公司 2000 年引进 GPS 控制振荡器，设备名称是 GPS88 和 GPS89，本地振荡器采用恒温晶体振荡器（GPS88）或者铷原子振荡器（GPS89）。瑞士钟摆公司的共视 GPS89 设备如图 8.7 所示。

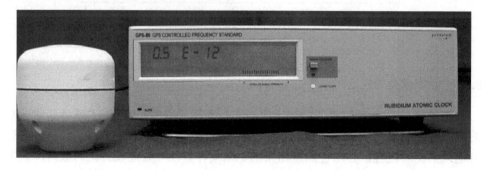

图 8.7　瑞士钟摆公司的共视 GPS89 设备

这些设备内置有满足溯源要求的校准系统。瑞士钟摆公司作为欧洲顶级的高分辨率频率计数器的制造商，拥有整套的时间间隔测量设备，这个产品中包含高分辨率测量内核。这个测量内核执行本地振荡器和 GPS "发动机" 之间的时间间隔测量。GPS89 的原理框图如图 8.8 所示，增加了比对和存储功能。

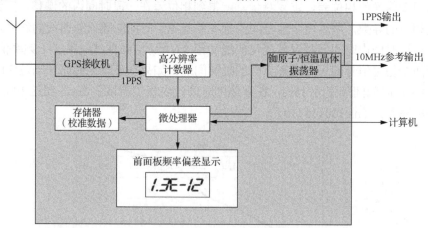

图 8.8　GPS89 的原理框图

时间间隔误差的测量结果每 30s 更新一次，通过 RS232 串口输出，每 15min 对时间间隔误差测量结果进行最小二乘拟合，计算前 24min 的平均频率偏差，这个结果在设备的前面板显示，也可以通过 RS232 串口输出。每天将 24min 的频率偏差存储在存储器内。

设计由应用程序收集设备相位波动和频率偏差数据，基于下面的条件，可以计算出频率偏差的不确定度：

（1）GPS 接收机输出的 1PPS 不确定度为 1×10^{-12}（$k=2$）；

（2）在一天内测量时间间隔误差；

（3）已知测量内核的不确定度参数。

应用程序可以按照用户的要求输出每天 24h 的频率偏差及其不确定度数据，这样，溯源中连续校准和可记录校准的两个要求都可以满足，不需要使用其他的外接设备。

存储器存储两年内的频率比对数据和调整数据。通过存储的比对数据和调整数据，让用户更容易了解控制过程。不但可以了解时基调整的准确性，而且可以通过对老化过程的监视来确定超出调整范围的时间，还可以了解环境对 GPS 控制振荡器的影响。

8.2   时间频率远程校准系统设计与实现

时间作为七个基本物理量之一，最显著的计量学特征是能直接将国家标准传递到用户，其中涉及的关键技术就是时间频率远程校准。本节主要对时间频率远程校准方法进行介绍，提出基于导航卫星的连续共视的远程时间比对方法，该方法不受传统共视的共视时刻表限制，避免了观测"死"时间，同时提高了校准灵活性，满足时间溯源不间断的要求，为用户提供溯源到国家标准时间的可靠时间校准信息。为了提高远程时间校准的比对精度，介绍连续共视时间比对中系统误差的校准方法，提出系统差修正和粗差剔除方法来保证测量系统的稳定性和可靠性。最终实现一套远程校准系统，验证连续共视的远程时间比对方法的可行性，使用该系统可以实现向国家标准时间的溯源。最后，安排实验对该系统的性能进行测试，在基线长度为 1800km 的情况下，时间测量稳定度优于 3ns，频率测量天稳定度优于 1.1×10^{-13}。

高精度时间是推动科学研究进展的重要因素，越来越多的实验室需要高精度时间。目前，我国标准时间的保持能力居国际前列，但时间频率远程高精度校准能力，限制了相对论效应精密测量、引力波探测、对地观测等科学实验的进一步发展。

美国国家标准技术研究院已经研制出远程时间测量和分析系统（Lombardi et al.，2005，2003；Lombardi，2004），出于国民生产、科研进步和国家战略安全等方面的考虑，我国也研究开发了类似的系统，打破国外垄断，满足我国对精密时间的应用需求。

我国研制的时间频率远程高精度校准系统，使用实时共视的方法，实现无隙远程时间测量，该系统不但具有远程时间测量和分析系统所具有的功能，而且针对远程实验室的应用需求，可以实时将校准结果返回用户，提高了实时性（陈瑞琼等，2021；刘娅等，2016）。该项研究具有一定的创新性，能满足基础研究等领域对高精度时间频率的需求。

8.2.1　远程校准系统组成和工作原理

时间频率远程校准系统组成如图 8.9 所示，该系统包括测量终端、分析中心和数据传输网络三部分。

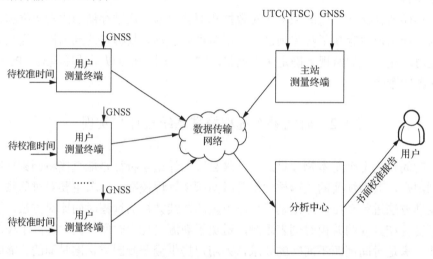

图 8.9　时间频率远程校准系统组成

时间频率远程校准系统基于 GNSS 卫星共视技术，使用用户测量终端和主站测量终端实现用户本地时间与国家标准时间的连续比对，通过系统误差修正，实现用户测量终端本地时间的溯源。

用户测量终端接收 GNSS 卫星信号，测量待校准时间与 GNSS 卫星广播时间的时差，并把时差数据通过数据传输网络发送到分析中心。主站测量终端接收 GNSS 卫星信号，测量 UTC（NTSC）与 GNSS 卫星广播时间的时差，也通过数据传输网络将时差发送到分析中心。

分析中心收集用户测量终端和主站测量终端的数据，使用 GNSS 共视技术，计算出测量终端待校准时间与主站 UTC（NTSC）的时差，分析待校准时间频率的时间偏差和频率偏差，并通过数据传输网络实时公布校准结果，以及按照测量终端需要，给用户发出书面校准报告。

时间频率远程校准系统采用共视原理进行远程时间比对，但与目前通用的 GNSS 卫星共视并不完全相同。目前通用的 GNSS 卫星共视以 16min 为周期，先进行 13min 的共视观测，接下来的 3min 用来分析处理数据。本系统为保证校准的连续性，采用连续测量方法，连续进行 10min 的共视观测，在观测的同时处理观测数据；10min 结束后，用最小二乘拟合法，使用二次模型计算出这 10min 起点的共视观测数据。共视观测和数据处理并行运行，计算机技术完全能满足这种应用（陈瑞琼等，2016）。

1. 测量终端组成和工作原理

测量终端结构如图 8.10 所示。该结构包括四个部分，含数据采集与处理软件的工业控制计算机、GNSS 天线和插卡式 GNSS 接收机、插卡式时间间隔计数器和通用分组无线服务技术（general packet radio service, GPRS）调制解调器（施韶华, 2018）。

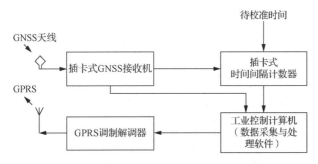

图 8.10　测量终端结构图

插卡式 GNSS 接收机接收 GNSS 信号，为了增强系统的可靠性，选择包含北斗卫星导航系统的 GNSS 多系统接收机。根据 GNSS 信号输出复现系统时间的秒信号（1PPS），将复现的秒信号送到时间间隔计数器的一个通道，时间间隔计数器的另一个通道接入待校准时间的秒信号（1PPS）。时间间隔计数器和接收机的外部参考频率参考待校准时间实验室对应的 10MHz。

数据采集与处理软件采集时间间隔计数器的测量结果和 GNSS 接收机的输出数据，每 10min 处理一次，计算出待校准时间与最多 10 颗 GNSS 卫星广播时间的时差，通过 GPRS 调制解调器将数据发送到分析中心。

测量终端测试数据的时标采用 GNSS 接收机的时间，从界面输入接收机天线坐标和接收机的时延、待校准时间连接电缆的时延，自动按照 10min 间隔进行连续测量并实时传回测量数据。为预防网络故障，在网络异常时本地可以保存 3d 的测量数据，待网络正常后将数据一起发送到分析中心。

主站测量终端组成与测量终端完全相同，只是待校准时间换成 UTC（NTSC）。

2. 分析中心组成和工作原理

分析中心由数据存储分析系统和分析中心管理系统构成。分析中心通过数据传输网络接收测量终端发送的各类数据，由分析中心管理系统进行数据有效性识别，并驱动数据存储分析系统处理数据后将结果经数据传输网络及时向测量终端发布。同时，还为分析中心管理人员提供系统运行状态监管、测量终端历史数据分析等服务。

数据存储分析系统是分析中心管理系统正常运行的基础：①能够及时存储测量终端与主站测量终端的星站钟差数据，星站钟差是指用户测量终端/主站测量终端本地时间与卫星系统时的时差；②站站钟差数据，站站钟差是指用户测量终端本地时间与主站测量终端系统参考时间 UTC（NTSC）的时差；③测量终端校准信息数据；④响应分析中心管理系统的数据查询请求并返回查询结果；⑤具备站站钟差分析、频率偏差分析、星站钟差数据连续性分析等功能。

分析中心管理系统是分析中心的控制中枢。对于测量终端服务方面，能够在自动采集经由数据传输网络传输的测量终端数据后，一方面，通过管理系统软件界面显示，另一方面，通过识别模块将数据转换为结构化查询语言（structured query language, SQL），驱动数据存储分析系统。在获得数据存储分析系统的反馈后，通过指令转换模块将 SQL 语言转换为测量终端能够识别的数据格式，并经数据传输网络向测量终端发布。同时，在出现历史数据缺失时，能够自动经数据传输网络向测量终端发起缺失历史数据查询。

在主站测量终端服务方面，数据接收部分与测量终端相同，区别在于数据处理结果不向主站测量终端发布。在分析中心测量终端服务方面，系统为测量终端提供系统资源配置接口，系统测量终端状态监控接口；能够实时显示各测量终端数据收发状态、图形化显示测量终端数据处理结果；提供测量终端历史数据分析处理接口，并能图形化显示数据分析结果，自动生成测量终端时间校准报表。

8.2.2　测量终端实现关键技术分析

1. 卫星钟时间测量方法

时间频率远程校准系统通过 GNSS 多通道共视法实现时间频率的远程校准。根据共视法原理，系统的各个测量终端首先获取本地参考时间与卫星导航系统时间的时差，而后将时差数据发送到系统分析中心，最后完成本地参考时间与 UTC（NTSC）的时差比对。

GNSS 时间测量原理如图 8.11 所示。测量本地参考时间与 GNSS 时间的时差时，要分析各个时间量之间的关系及 GNSS 测量误差产生的影响（Allan et al.，2007；Yang et al.，2003；Weiss，2000）。

用户接收机时钟产生的时间 T_u 通常与 GNSS 时间 T_GPS 不同步，二者存在时差 δt_u。同时，各个卫星时钟也不是和 GNSS 系统时间严格同步，二者存在时差 $\delta t^{(s)}$。

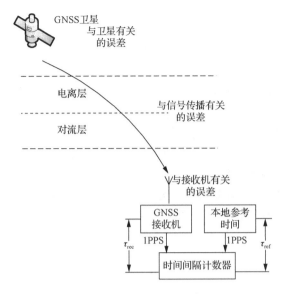

图 8.11　GNSS 时间测量原理图

GNSS 信号的实际传播时间 τ 包括两部分：一部分是信号以真空光速 c 穿过卫星与接收机之间几何距离 r 所需的传播时间；另一部分是大气折射造成的传播时延。其中，大气传播时延被分解成电离层延迟 I 和对流层延迟 T 两部分，因此 GNSS 信号的实际传播时间 τ 可表示为

$$\tau = r/c + I + T \tag{8.1}$$

由此，根据接收机输出的伪距 ρ，得到的接收机钟差 δt_u：

$$\delta t_u = T_u - T_{GNSS} = (\rho - r)/c - I - T + \delta t^{(s)} \tag{8.2}$$

定义本地参考时间为 T_{ref}、时间间隔计数器测量值 t_{tic} 及接收机时间 T_u 之间的关系为

$$t_{tic} = T_{ref} - T_u \tag{8.3}$$

在进行时差测量时，需要考虑测量终端的硬件时延，其中包括接收机时延 τ_{rec} 和本地参考时延 τ_{ref}。本地测量终端测得本地参考时间与 GNSS 系统时间的钟差 $t_{REFGNSS}$ 可表示为

$$t_{REFGNSS} = (T_{ref} + \tau_{ref}) - (T_{GPS} + \tau_{rec}) = T_{ref} - T_{GNSS} + \tau_{ref} - \tau_{rec} \tag{8.4}$$

由式（8.1）～式（8.3）可得到 GNSS 时间与本地参考时间的钟差 $t_{REFGNSS}$ 为

$$t_{REFGNSS} = (\rho - r)/c - I - T + \delta t^{(s)} + t_{tic} + \tau_{ref} - \tau_{rec} \tag{8.5}$$

2. 时间频率连续共视比对方法

GNSS 多通道共视法每个观测周期有 3min 的观测间隙；同时，在用户测量终端与主站测量终端进行数据交换之前，共视比对的结果是未知的。NIST 自 1983 年开始提供远程时间频率校准服务，其中，早期使用的全球时间服务（global time service，GTS）系统由于是不连续地观测，测量数据有间隙存在，而且远程用户只能通过每月邮件获知共视比对的结果。

现代通信技术与网络技术的发展使得近实时共视法的实现及全天候的时间比对成为可能。时间频率连续比对方法以 10min 或 1min 作为一个全程观测周期，对 GNSS 时间与本地参考时间的时差进行连续观测，同时对观测数据进行处理。当一个观测周期结束时，立即进入下一个观测周期。该方法去除了传统共视法中每个观测周期的死时间，如果客户测量终端保持连续运行，用户就能够在一个观测周期结束后获知本地参考时间相对于国家标准时间的偏差，可实现近实时的共视比对。

3. 系统误差分析与测量终端校准

时间频率远程校准系统设计时使用了时间频率连续比对方法，该方法的时间传递精度可优于 5ns。这个比对精度的实现取决于用户测量终端和主站测量终端的一致性，二者的一致性需要细致地校准才能实现。在此，给出了主要的误差分布和校准方法。

1）测量终端的校准

远程实验室本地时间的测量终端与 UTC（NTSC）时间测量终端的接收时延一致性的校准是通过零基线比对实验进行的。零基线比对实验可通过短期和长期比对两个测量终端的接收时延相对变化，掌握时延相对变化规律。

2）天线坐标误差校准

为减少测量误差，高精度共视比对要求输入接收天线坐标，输入的天线坐标与实际坐标的差称为天线坐标误差。根据卫星位置的不同，天线坐标误差对时间比对的影响并不相同。

3）环境变化对测量终端时延的影响

由于温度和其他环境因素的变化，测量终端、天线、天线电缆的时延会发生变化。测量终端的时延对温度非常敏感，如果实验室温度变化，会导致设备时延有几纳秒的变化，当温度恢复时，时延也会恢复。时延随季节变化也会有缓慢变化，需要进行详细分析，尽量消除环境变化对测量终端时延的影响。

4）多径效应引起传播时延的变化

到达测量终端的信号被天线附近的反射面反射，这些反射信号可能引起干扰，也可能被误认为是从卫星到用户的直线路径，这就是多径效应误差。

5）空间传播时延的变化

GNSS 信号通过电离层和对流层时会有些弯曲，卫星在低倾角时弯曲相对较大，这会改变空间传播时延。

6）电缆时延的测量误差

远程实验室需要制作一段电缆并测量这段电缆的时延，将时延值输入系统软件中。电缆时延表示信号从本地时间标准到连接测量终端的电缆末端的时延。

8.2.3　系统性能指标的测试与分析

设计零基线比对实验和长基线比对实验，对研制完成的远程校准系统性能进行测试。

1. 零基线比对实验

零基线比对可最大限度地消除相关误差源的影响，由于采用相同的时间频率参考信号，比对结果只受测量终端内部延迟和观测噪声的影响。在此，将使用这种方法校准测量终端的相对时延，并对系统性能进行测试。

时间频率远程校准系统零基线比对设备连接关系如图 8.12 所示。进行零基线比对时，两台接收机天线放置相距 0.5m 左右，采用相同的 10MHz 外部频标和 1PPS 时间信号，进行为期近 5d 的观测。通过相同的系统测量终端软件，分别采集接收

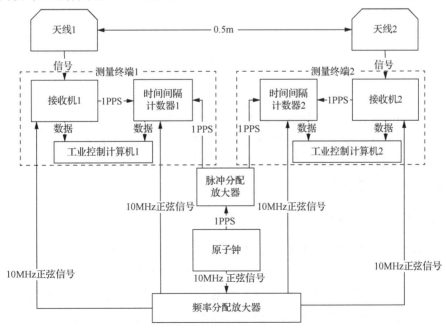

图 8.12　时间频率远程校准系统零基线比对设备连接关系图

机与时间间隔计数器的 GNSS 卫星数据与时间间隔数据。经过数据处理，两套测量终端分别得到本地参考时间与 GNSS 系统时间的时差，将两份时差数据对应作差，最终得到两套测量终端的系统差。将得到的系统差数据进一步处理，可获知两套系统的相对时延，同时可对测量终端的测量性能进行评估。

经过近 5d 的观测，每套测量终端分别采集到 650 个观测周期的时差数据，即本地参考时间与由各个可视卫星修正到 GNSS 系统时间的时差数据。将两套测量终端采集的时差对应相减，剔除其中的奇异值，得到两套测量终端间的系统差比对数据。零基线比对实验结果如图 8.13 所示。

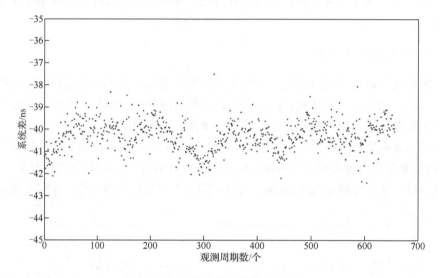

图 8.13　零基线比对实验结果

计算测量值的算术平均值，得到两个测量终端间的系统差为-40.3ns，此计算结果将用于修正两套测量终端的相对时延。零基线比对结果显示，两套测量终端零基线比对的系统差波动小于 5ns，标准偏差为 0.72ns，测量终端得到的测量结果受观测噪声的影响较小。

2. 长基线比对实验

长基线比对实验的持续时间为 2012 年 11 月 7 日～12 月 3 日。实验中，根据测量得到的钟差数据，计算两地时间频率参考的相对频率偏差、长春站原子钟日频率稳定度和时间稳定度，对长春人造卫星观测站铯原子钟保持的时间相对于UTC（NTSC）进行校准，同时可对时间频率远程校准系统性能进行测试。

时间频率远程校准系统长基线比对原理如图 8.14 所示。远程校准系统有四套测量终端，分别编号为 1～4 号（S1～S4）。进行长基线比对实验时，将其中的两套（2 号站和 4 号站）放置于长春人造卫星观测站（长春）用作客户测量终端，其余两套（1 号站和 3 号站）放置于国家授时中心（西安）用作主站测量终端，比对的基线长度约为 1800km。

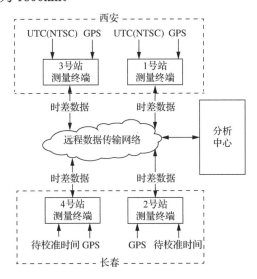

图 8.14 时间频率远程校准系统长基线比对原理图

以其中两套测量终端 1 号站和 4 号站建立的一套远程校准系统为例。经过近一个月的长基线比对，得到所建立的远程校准系统 1 号站与 4 号站长基线比对结果如图 8.15 所示。进一步分析实验结果，如表 8.1 所示。表 8.1 中数据显示，基线长度为 1800km 的情况下，基于长春人造卫星观测站的铯原子钟，系统建立的时间频率比对链频率的天稳定度为 1.1×10^{-13}，时间稳定度为 2.8ns。

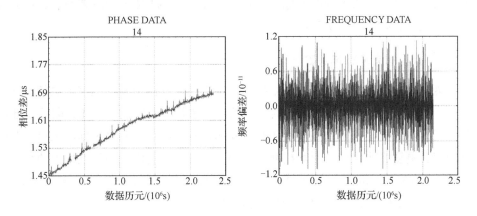

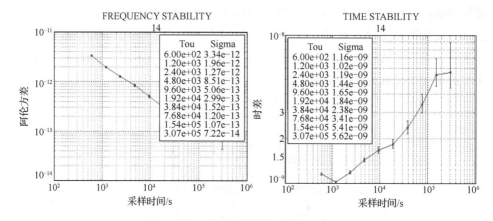

图 8.15　1 号站与 4 号站长基线比对结果

图中 PHASE DATA 为相位数据，μs；FREQUENCY DATA 为频率数据；
FREQUENCY STABILITY 为频率稳定度；TIME STABILITY 为时间稳定度，s

表 8.1　时间频率远程校准系统长基线比对结果（1d）

校准系统差值	时间稳定度 σ_x /ns	频率稳定度 σ_y
S1-S4	2.8	1.1×10^{-13}

实验结果证明，该系统具有较好的实时性，通信网络正常的情况下，用户测量终端可在单个观测周期结束后的 13s 内获知本地参考时间相对于 UTC（NTSC）的时差，具有较好的实时性，可完成近实时的共视时间传递。

根据统计，网络通信正常的情况下，位于长春人造卫星观测站的测量终端能够在向系统分析中心发送本地参考时间与 GNSS 系统时间的时差数据后，在 13s 内接收到由分析中心返回的本地参考时间与 UTC（NTSC）的时差数据。由此证明，该系统具有较好的实时性。

3. 长基线交叉验证实验

为了验证远程校准系统测量结果的相符程度，安排两套远程校准系统，分别对长春和西安的钟差进行比对，对比的结果进行交叉验证。在此选取近 10d 的长基线比对数据，扣除由零基线比对实验测量测量终端间相对时延，然后计算分别由四套测量终端组成的两套校准系统间的系统差，并剔除测量过程中的粗差。校准系统 43 与校准系统 21 测量结果比对处理过程如图 8.16 所示，校准系统 41 与校准系统 23 测量结果比对处理过程如图 8.17 所示。

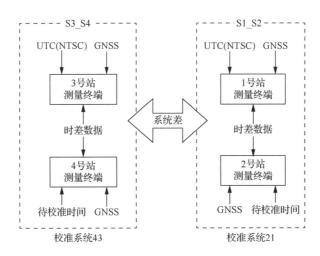

图 8.16　校准系统 43 与校准系统 21 测量结果比对处理过程

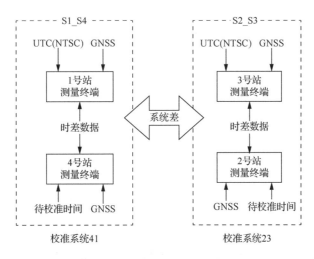

图 8.17　校准系统 41 与校准系统 23 测量结果比对处理过程

　　剔除奇异值后的校准系统 43 与校准系统 21 测量结果的系统差如图 8.18 所示，校准系统 41 与校准系统 23 测量结果的系统差如图 8.19 所示，系统差随机分布，没有明显的变化趋势，峰峰值均小于 10ns。

　　两套远程校准系统间系统差统计结果如表 8.2 所示。其中，D21-D43 代表 2 号站、1 号站组成远程校准系统 21 与 4 号站、3 号站组成远程校准系统 43 的测量结果的系统差，其余类似。

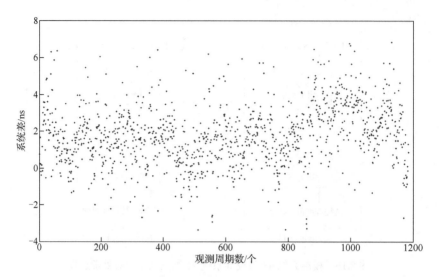

图 8.18　校准系统 43 与校准系统 21 测量结果的系统差

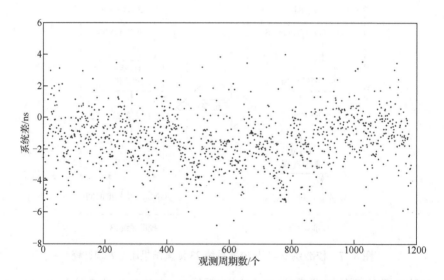

图 8.19　校准系统 41 与校准系统 23 测量结果的系统差

表 8.2　两套远程校准系统间系统差统计结果

校准系统差	系统差平均值/ns	系统差标准差/ns
D21-D43	1.81	1.63
D41-D23	-1.44	1.67

　　据表 8.2 所示，组成的远程校准系统间的系统差平均值与系统差标准差均小于 2ns，系统间的测量结果相符较好。

　　建立的远程校准系统能够准确实现远程时间的校准。通过四套测量终端近一月的长基线比对实验，结果表明，在基线长度为 1800km 的情况下，时间测量稳定度小于 3ns，频率测量稳定度小于 $1.1×10^{-13}$。需要说明的是，此处给出的时间测量稳定度包括长春站被测铯原子钟引入的误差和校准系统自身时间测量稳定度两部分误差，由于没有进一步的分离方法，还无法准确分离出校准系统的误差，只能得出校准系统误差的上限。

　　长基线比对中，利用四套测量终端分别组成了两套远程校准系统。通过两套系统间的测量不一致性表征系统测量的准确性。组成的两套远程校准系统间的系统差峰峰值小于 10ns，标准差小于 2ns，具有较好的相符性，可用于完成时间频率的远程校准及高精度溯源。

参 考 文 献

陈瑞琼, 刘娅, 李孝辉, 2016. 基于改进的卫星共视法的远程时间比对研究[J]. 仪器仪表学报, 37(4): 757-763.

陈瑞琼, 卢建福, 刘娅, 等, 2021. 一种基于 GNSS 卫星共视的标准时间复现终端研制[J]. 电子测量技术, 44(6): 143-148.

李雨薇, 2019. 精密时频信号产生与性能评估方法研究[D/OL]. 西安: 中国科学院大学(中国科学院国家授时中心). https://kns.cnki.net/kcms/detail/detail.aspx?dbcode=CDFD&dbname=CDFDLAST2019&filename=1019611479.nh&u niplatform=NZKPT&v=mll7zMmoV5U1kgqiIQ1KZz1kb_JI4p-YzZHiYfxcq_OCwhWFi6NZCSTg20pZvVas.

刘娅, 陈瑞琼, 赵志雄, 等, 2016. UTC(NTSC)远程高精度复现方法研究及工程实现[J]. 时间频率学报, 39(3): 178-192.

施韶华, 2018. 50ps 分辨率多通道时间间隔计数器测试研究[C]. 中国天文学会 2018 年学术年会, 昆明, 中国.

ALLAN D W, DAVIS D D, WEISS M, et al., 2007. Accuracy of international time and frequency comparisons via global positioning system satellites in common-view[J]. IEEE Transactions on Instrumentation & Measurement, 34(2): 118-125.

ALLAN D W, MACHLAN H E, MARSHALL J, 1972. Time transfer using nearly simultaneous reception times of a common transmission[C]. Proceedings of the 1972 Frequency Control Symposium, Atlantic City, USA: 309-316.

EHRLICH C D, RASBERRY S D, 1998. Metrological timelines in traceability[J]. Journal of Research of the National Institute of Standards & Technology, 1998, 103(1): 93-105.

JONES A W, 2000. Splitting the Second[M]. Boca Raton: CRC Press.

LEWANDOWSKI W, AZOUBIB J, KLEPCZYNSKI W J, 1999. GPS: Primary tool for time transfer[J]. Proceedings of the IEEE, 1999, 87(1): 163-172.

LOMBARDI M A, 2004. Remote frequency calibrations: The NIST frequency measurement and analysis service[R]. NIST Special Publication.

LOMBARDI M A, NOVICK A N, GRAHAM R M, 2003. Remote calibration of a GPS timing receiver to UTC(NIST) via the internet[C]. Proceedings of the 2003 Measurement Science Conference, Anaheim, USA: 1-8.

LOMBARDI M A, NOVICK A N, LOPEZ J M, et al., 2005. Inter-American Metrology System(SIM) common-view GPS comparison network[C]. Proceedings of the 2005 IEEE Frequency Control Symposium, Vancouver, Canada: 691-698.

WEISS M A, 2000. Long term effects of antenna cables on GPS timing receivers[C]. Proceedings of the 2000 IEEE Frequency Control Symposium, Kansas City, USA: 637-641.

YANG X H, HU Y H, LI Z G, et al., 2003. An algorithm for a near real-time data processing of GPS common-view observations[J]. Chinese Astronomy & Astrophysics, 27(4): 470-480.

第9章 电 波 钟

现实生活中，存在不用人工对表的手表，电波表就是其中之一，只要有电就能自动接收无线电广播的时间信号，对本地时间进行校准，整个过程完全不需要人参与。电波钟随无线电的出现而出现，已经深入到人们生活的每一个方面，几乎在任何场所都能看到电波钟的影子（Lombardi，2003）。

9.1 电波钟的发展历程

若拥有一个电波钟，想要知道现在几点了，就可以精确知道现在的时间。这些时钟接收无线电时间信号并同步到协调世界时。一些制造商认为他们的电波钟和原子钟一样准确，然而事实并非如此。真正的原子钟内部有一个原子振荡器，如铯原子振荡器或铷原子振荡器，电波钟内部有一个无线接收装置，这个装置能够接收来自原子钟的无线电时间信号。早在原子钟发明之前电波钟就已经出现了。20世纪60年代，在原子钟逐渐成为可靠的权威之前，无线电时间信号先后使用摆钟和石英钟作为参考。

电波钟以各种不同的形态已经存在了近一个世纪。20世纪90年代后期以前，电波钟是为了实验室的专业应用而设计出来的十分昂贵的设备。现在，低廉的电波钟应用到了每一个角落，如壁挂式时钟、座钟、手表等，这些钟表的时间都与如国家授时中心低频时码授时台的时间或其他国家授时台的时间保持同步，还有一些电波钟被植入了如电话、电视、传呼、车载电台之类的面向用户的电子产品之中。电波钟近来的增值描绘出了计时历史的重要发展。可以预期，在不久的将来，每一个钟表都将精确地同步于标准时间。

9.1.1 电波钟的发展史

1. 电波钟概念的出现

如果说电波钟概念几乎与无线电的概念同时提出，这一说法会令人吃惊。但事实上，在人们发明无线电不久就能够用它来传递信息了，早期的无线电专家已经开始探寻用无线电来传递时间的方法。

意大利发明家马可尼作为无线电的发明者，在利用无线电进行时间传递方面有很多设想。马可尼出生于1874年，在1895年他成功地用一个电火花隙发射器和一根天线把无线电信号发送了超过 2km 的距离；1899 年，横亘英吉利海峡，他在英国和法国之间建立了无线电通信；1901 年，他向大西洋发出了第一个无线电信号。马可尼很早就研究了利用无线电传递时间的方法，他曾提议用一种新型的无线媒介进行时间信号的传播。1898 年 11 月，柏林皇室科学院的会议中，一名光学仪器的制造者——杰出的工程师哥茹布（Grubb）首次提出了电波钟的概念。此后，他就在社会学报上发表了如下关于电波钟的说明（Simcock，1992；Boullin，1989a；Grubb，1898）：

"马可尼波的效果实在是太美妙了，在城市中每到整点时响起的钟表报时的声音使我们意识到它的存在。这种电波无痕迹地快速传播，并使得在每个地方的每块钟表不需任何物理连接都能保持准确。

尽管这仅仅是一个实验，但如果我们的口袋里能装一个这样的设备，使我们即使在逛街时也能通过电波有准确的时间，毫无疑问那将很美妙的。"

哥茹布的成果很非凡，这是因为在 1990 年电波钟出现前的 100 年他就做出了形象的预言。有意思的是，他预言的是怀表而不是手表，因为当时只有法国能制造女士手表，而第一块男士手表是在哥茹布的预言后才出现的。

2. 早期的时间信号广播站

哥茹布的"中心分配时钟"观点早在他 1898 年的讲义中就已经形成了，在无线电出现之前，时间信号通过电报或者其他方式进行传递。在第一个无线电时间发播被引入后不久，标准时间向广播站的时间传递有时仍然由电报来完成。第一个无线电授时信号是 1903 年由美国海军天文台发出的，信号中包含一种时间信息，这个信息被美国海军基地接收使用，直到 1904 年 8 月 9 日才由波士顿的美国海军基地进行严格且有规律地广播时间信息。此后的一段日子，美国海军基地还在波士顿、纽约等很多地方发送时间信号。加拿大哈利法克斯的 VCS 广播站是继美国之后第一个发送无线电时间广播的地方，1907 年那里开始出现无线电，之后无线电就应用于时间信号广播。

时间信号广播很快就普及开来。从 1910 年开始，法国经度局就通过置于埃菲尔铁塔顶端的发射器进行每日两次的报时，参考钟位于巴黎天文台，发射广播信号的波长是 2000m。该发射器的呼号是 FL，主要被用来及时纠正海船上的时钟。然而这很快引起了铁路公司、钟表制造商、宝石商人的关注，他们开始接收时间信号以获取准确的时间。1913 年，广播信号的波长增加到了 2500m，形式也更加规则化。

有意思的是无线电时间广播曾经无意识地挽救了这座世界上最著名的纪念碑——埃菲尔铁塔。这座在 1889 年巴黎世界博览会建成的世界第一高塔，最初是用来纪念法国大革命胜利 100 周年的，许多人对它的构造提出了质疑，甚至在它建成后一度被认为很不美观，受到巴黎人民冷落。正是如此，人们还打算在它 20 年租约到期之日的 1909 年将它爆破拆除。后来由于广播无线电时间信号的实验已经在进行，而埃菲尔铁塔也由于它在无线电授时方面的价值被保留了下来。

1913 年，位于美国维吉尼亚州的 NAA 广播站发出了第一个闻名于世的美国标准时间信号，使用旋转火花隙发射机以 2500m 的波长和 54km 的发射功率，以莫尔斯电码发布时间信号。这个基准时间来自于美国海军天文台的时钟，它从阿林顿发出并以 1/20s 的误差到达旧金山。如今，NAA 专指服务于海底通信的广播站（Jones，2000；Jayne，1913）。

另一个著名的无线电时间广播是 1924 年位于伦敦的英国广播公司（British Broadcasting Corporation，BBC）的"六计划"之一。前五个计划是关于音频音质的，都服务于第六计划。直到现在，BBC 的广播还是按照这个计划播出。

美国国家标准技术研究院于 1920 年在华盛顿的 WWV 广播站开始无线电广播，并于 1923 年开始正式实施。这个广播站位于科罗拉多州，以 2.5MHz、5MHz、10MHz、15MHz 的频率播放时间信号，并保留了世界上最著名的短波时间信号。1948 年，在夏威夷开始运行的 WWVH 广播站与 NIST 类似。WWVH 在早期只发射一个标准频率，供其他广播站用来校准发射机。1937 年，该广播站将秒信号加入其中广播；1945 年增加了时间编码（Lombardi，2002）。

早期的广播站采用公开的时间表，用电报代码的方式来发送时间信号。例如，在巴黎时间上午 10 点发布一个标志信号，在接收到这个标志信号的时候，就将时钟同步到上午 10 点。后来，全部的数字时间编码被调制到连续的载波之上，包括小时、分钟、秒和日期。在美国，数字时间编码在 1960 年被 WWV 广播站采用，1971 年开始被 WWVH 广播站采用，1965 年开始被 WWVB 广播站采用。

3. 现代的时间信号广播站

如今，大多数电波钟接收的时间信号属于低频信号，低频信号的频率范围为 30～300kHz，但现在所建造的时间信号发射台的发射频率为 40～80kHz，这与最早的时间信号发射台发射频率的频段是相符合的，如 FT 和 NAA 广播站。尽管低频信号适合于电波钟接收，但为了推广电波钟的应用，也有人在考虑利用如调频广播和电视信号等进行时间传递的方法，这些信号的频率比低频信号高出了几千倍，还有频率更高的信号，如移动通信、卫星电视、全球定位系统等，频率都超过 1GHz。

尽管低频信号现在还不是通信的主要手段，但是它非常符合电波钟对信号的要求，只需要携带很少的信息并且带宽很窄。低频发射台又称长波台，60kHz 信号的波长是 5km，低频信号只需很小的功率就能覆盖很大的区域，并且由于它可以轻易穿过无金属的建筑或者墙壁，人们可以方便地在室内接收到信号。这就使低频信号比那些需要可视接收的信号更符合电波钟的需要，如 GPS 发射的 1.5GHz 频率，就需要室外天线接收信号。

表 9.1 列出了低频段电波钟主要使用的时间信号发射台。所有的发射台广播的时间都可以溯源到自己的国家标准时间，广播的数字时间编码包含时、分、秒和日期信息。表 9.1 的最右边一列说明了发射台开始投入使用的时间。由于各发射台的发射频率相近，很多电波钟可以接收多个广播站的信号进行定时。

表 9.1　低频段电波钟主要使用的时间信号发射台

呼号	国家	频率/kHz	功率/kW	调制时码	开始时间
WWVB	美国	60	50	每秒开始时功率下降 10dB，200ms 功率恢复原功率发送第 0bit，500ms 后发送第 1bit，800ms 后发送帧标志	1965 年
MSF	英国	60	15	在每秒开始时，载波完全关闭 100ms、200ms 或 300ms	1965 年
WWVB	美国	60	50	每秒开始时功率下降 10dB，200ms 功率恢复原功率发送第 0bit，500ms 后发送第 1bit，800ms 后发送帧标志	1974 年
DCF77	德国	77.5	30	每秒开始时功率下降 12dB，100ms 后恢复全功率发送第 0bit，200ms 后发送第 1bit	1973 年
JJY	日本	40、60	12.5	每秒开始时载波全功率，200ms 后功率下降 20dB 发送第 0bit，500ms 后发送第 1bit，800ms 后发送帧标志	2001 年
BPC	中国	68.5	100	在每秒（除第 59 秒）开始，载波幅度下跌原波幅的 90%，下跌脉冲不同的持续时间代表不同的数据信息，第 59 秒的缺省意味着下一分钟的开始	2007 年

9.1.2　历史上出现的几种电波钟

1. 手动控制的电波钟

第一台专门用来接收无线电时间广播的设备需要操作员手动对时钟进行设置，从一些如埃菲尔铁塔之类的信号发射台接收时间信号并人工解码。早期的一个电波钟产品是弗兰克（Frank）发明的"电话钟"，弗兰克后来参加了 BBC 的第六计划。电话钟在 1913 年由伦敦的雪特钟公司投产上市。用户可以从耳机中听到时间信号，然后用类似于电话钟的编码格式表进行解码，得到时间信号，并手动调整本地时钟。后来，许多公司开始出售类似的产品，其中马可尼也建立了自己的公司。

2. 半自动电波钟

人们对谁发明了第一台能够自动同步到无线电信号并能够准确对时的电波钟的看法不尽相同。虽然很早就有了数字时间编码，然而半自动电波钟仍然不能自动调整，需要操作员在时间信号到达前的一小段时间内，将时钟调整到接收位置，当时间信号到来之后，时钟才能自动根据接收到的信号调整时间。在现代电子学出现之前，制造这样一个设备是非常困难的。尽管如此，在半自动电波钟出现几十年后还是进入了商业领域。

1912 年，伦敦关于这种设备的报道或许是最早的，那时瑞德声称已经能够通过无线电信号来控制时钟。1912 年 10 月 4 日的《每日概论》上有一篇文章，摘录如下：

"伦敦人瑞德先生拥有了一套完美的系统，这套系统使他可以通过无线电信号来控制我们的时钟和手表。瑞德在他的私人住宅建立了一套完整的无线电时钟系统，并且他深信在不久的将来，现在工艺复杂的时钟一定会被淘汰，取而代之的会是统一到全球共同时间标准，按照相同规则来调整的时钟。"

接下来，瑞德申请了钟表专利，但是没有人知道他的无线电时钟的工作原理以及该时钟能够存在多久。

另外两个被认为是电波钟发明者的是马瑞尔斯和阿尔佛雷德。马瑞尔斯是法国的一名钟表学者，20 世纪 20 年代起他就一直在设计电波钟，然而却没有做出什么产品。马瑞尔斯在电子计时领域获得的很多专利，最后他也终于在石英钟的发展中作出了杰出的贡献。

英国的阿尔弗雷德在 1914 年开始进行电子时钟的无线电控制实验。他投入了所有的空闲时间来进行这项他钟爱的实验，可是直到 1932 年去世，他的实验也没能全部完成。从 1928 年直到去世，阿尔佛雷德发表了名为《时钟的自动同步和无线电波》等一系列文章。他的研究是围绕主时钟系统进行的，这个系统是用来同步子时钟的。他还设计了一种由大量电子管、继电器和齿轮组成的设备，这个设备先接收第六计划的格林威治时间信号广播站的信号，然后利用从广播站获得的脉冲信号来按时调节时钟的指针及钟摆的摆速。他在 1928 年写下了如下文字："没有人注意到这个装置已经运行了 6 个月，并且它的最大误差还没有超过 1 秒"。没有关于这个系统曾经进入过商业领域的报道，但是这个系统的样机有着时钟的样子，并且打着"来自于达文垂无线自动控制"的印记。

1930 年，在新泽西州霍博肯的史蒂文斯理工学院，罗特斯和保罗汀发表了一份依据 NAA 的同步信号来设计电波钟的说明，NAA 广播站以 112kHz 的频率广播时间信号。这个说明的主要撰写人是无线电时钟公司的 Casner，上面提到这种时钟"适合于大多数工作场合和许多系统的基础设施"，所以这种时钟可以进行商业化生产，但是能否卖得动就没有人知道了。这种时钟的接收器把 NAA 发布于早上 11 点 55 分和中午的时间信号转换为电流脉冲信号，以此驱动时钟的机械装置。操作人员在开始同步的时候调整时钟并在时间信号到来之前调节时钟的显示屏。在时钟开始进行同步之后，磁选器每天要进行 4 次电流探测，并在必要的时候通过调整齿轮来进行时间修正。Casner 提到主要的难点是电路噪声，但是也几乎不可能使一个时钟出现差错，即使有，它的最大误差也只有半秒。

在美国，第一部用于商业的半自动电波钟大概是 IBM 公司的 37 号无线电管理时间控制时钟了，尽管在 1945～1956 年电报时间编码刚出现的时候，还有一些为了军事目的而生产和销售的半自动电波钟。IBM 公司的 37 号时钟在 1956 年面世，目的是接收 NIST 的 WWV 和 WWVH 无线电时间信号。37 号时钟如图 9.1 所示，这台装在一个大木头盒子里的钟摆，可以称为电波钟的祖先了，这台钟现陈列在 NIST 的实验室。WWV 和 WWVH 电波钟的专利几乎在同一时期被曾工作于 NIST 的西奥多获得。吉尔在 1958 年获得了一项全自动电波钟的专利（申请于 1956 年）。她的时钟把机械和电结合到了一起，并且与 IBM 公司的设计也有几分相似，然而两者之间是否有联系无人知晓（Weber，1926）。

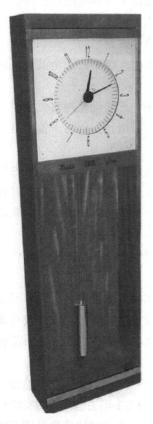

图 9.1　IBM 公司的 37 号时钟

3. 全自动电波钟

全自动电波钟能不断地从无线电信号中获得时间和日期，并且不需要手工操作就能自动完成时间同步。当数字时间编码出现的时候，第一台全自动电波钟就在美国诞生了。那时 WWV 电台是第一个发送数字时间信号的短波电台，而且第一台全自动电波钟就是一个 WWV 时钟。WWV/WWVH 电波钟出现很多年后，曾经有一些壁挂式时钟，但是一直没有制造出适合于广大消费者的产品。比起稍后出现的 WWVB 时钟，WWV/WWVH 电波钟的接收装置太复杂且体积庞大，对于它来说，要想使接收天线放于室内并降低接收设备的成本是非常困难的。由于短波基站会在许多不同的频率上发布相同的时间信号，如何在特定的区域选择最佳的接收频率就成为又一个难题（Aked，1994）。

　　HEATH 公司的"最精确的时钟"可能是关于 WWV/WWVH 电波钟最普遍的例子，它在 1986～1995 年是成套出售的，这种设备像是一个数字式收音机。HEATH 公司的"最精确的时钟"如图 9.2 所示，在 5MHz、10MHz、15MHz 三个频率扫描时，选择其中较好的一个信号来接收时间编码。尽管如此，与现在的 WWVB 时钟相比，它的可靠性仍然不足，而且当时 400 美元的价格也是非常昂贵的。

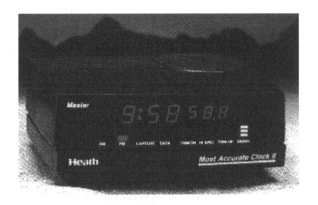

图 9.2　HEATH 公司的"最精确的时钟"

　　20 世纪的六七十年代，出现现代长波时间编码后，实验性质的长波信号接收机在美国和欧洲出现了。这个时期在如《无线电电子学》与《无线电世界》之类的杂志上，有许多关于长波信号解码的文章，还有许多成套出现的接收器。然而，人们认为第一台商业的接收无线长波信号的电波钟是昆德空间时计和汉斯 RC-1，它们都在 1986 年的一个展览会上展示了模型。有各式各样的钟表可以接收 DCF77 和 MSF 信号，人们认为 1990 年的汉斯 MEGA1 手表是第一个无线电控制的手表，一位评论家以"钟表界绝无仅有的大事件"对这种手表进行了介绍。在德国，这种手表与从基站出来的 DCF77 信号进行同步。汉斯 MEGA1 手表结构如图 9.3 所示。

图 9.3　汉斯 MEGA1 手表结构

　　以销售为目的的 WWVB 电波钟直到 1999年才出现，那时 NIST 将基站发射的功率增加到 50kW，使得信号可以传播到美国的每一个角落。此后，随着 WWVB 电波钟产品性能的不断提高，价格不断降低，人们普遍意识到了它能够准确显示时间的价值。当时，挂表的价格在 10 美元之内，而手表的价格则在 30 美元之内。

　　一些电波钟的模型如图 9.4 所示。第一个电波钟产品是从欧洲普及到美国的，美国人对它的设计进行了改良，使得它可以接收 DCF77 和 MSF 信号。今天的电波钟已经成为国际化产品，能够为更多的地方服务。我国的 BPC 电波钟能接收多个国家的授时信号，在国内外拥有很大的市场。

图 9.4　一些电波钟的模型

9.2　WWVB 电波钟的工作原理

　　电波钟的关键是能自动接收授时台广播的时间信号并对自身的时间进行调整，在电波钟发展史上，美国的 WWVB 电波钟可能是最有代表性的电波钟。本节以 WWVB 电波钟为例，说明电波钟的工作原理（Lombardi，2003；Boullin，1989b）。

9.2.1　WWVB 时间信号广播站

　　NIST 设立 WWVB 长波无线电基站的唯一目的就是以一种国际标准来向美国社会发布时间和频率信息。这种基站用 60kHz 的载波和 50kW 的发射功率持续地发播时间信号编码，可以有效覆盖全美 50 个州。

　　WWVB 的工作原理如图 9.5 所示。用校准到 UTC 的铯原子钟来控制载波的发射频率，发射频率定为 60kHz。时码产生器与 UTC 同步后，以降低载波能量 10dB 的代价对信号进行每秒一次的调整。如果载波能量在 200ms 后恢复，那么它表示 0bit。如果载波能量在 500ms 后恢复，那么它表示 1bit。信号离开时码产生器后被送到发射机，发射机把信号放大后再通过天线把信号传送出去。减小载波幅度的脉宽调制如图 9.6 所示，这种调幅通过降低载波能量达到调整脉冲宽度的目的，通过观察脉冲宽度可以解调时间信号。

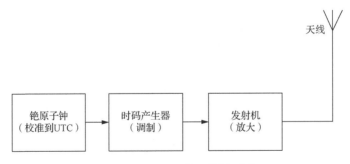

图 9.5 WWVB 的工作原理图

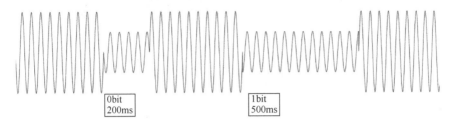

图 9.6 减小载波幅度的脉宽调制

现如今，WWVB 编码以 1bit/s 的低速率传播。如果邮件或传真以这样的速率进行传播，传送一条完整的时间编码需要 1min。但是，由于信息传播缓慢，只需要很小的带宽就可以进行传播，而且电波钟也只需要很小的能量就可以进行解码。专业地说，它对带宽的需求只有 5Hz。

WWVB 的时码格式包含时、日、夏令时等时间信息。因为时间编码需要整整 1min 来传播，当时钟开启的时候，电波钟很可能丢失最初的那段时间编码，所以它需要不止 1min 来调节自身的时间。接收到 WWVB 传播的时间编码后，电波钟就通过时区调整的方式来获得当地的准确时间。这种时区的调整是由用户来设置的，当电波钟移动到不同的时区后，调整的方式也会进行相应改变。

一旦电波钟完成同步，短期内就不需要接收 WWVB 信号来进行解码。许多时钟在 24h 内只需要完成一次同步，通常把这个时间选在晚上，这是由于在太阳落山之后信号会比较强且更容易接收。同步完成以后，电波钟使用内部的晶体振荡器来保证时间的准确性。一般来说，这个晶体振荡器的准确度是 10^{-6}，一天内的误差不超过 0.086s，一天同步一次就能保证其时间准确度优于 1s。

9.2.2 长波电波钟的内部结构

由于规模化生产和先进的制造工艺，只需要很少的投资就可以把电波钟的性能提高到足以与现有的石英钟相媲美的程度。然而，制造能够适合这种长波信号的小型天线成为一个巨大的挑战。在 WWVB 的座钟和挂钟的中经常使用的天线是类似于调幅广播中的线圈。这种天线由一根铁棒和缠绕其上的精细金属丝组成，金属丝的长度和它在铁棒上的缠绕方式决定了这根天线的工作性能。电波钟的几种天线如图 9.7 所示，它们都是为表 9.1 列出的基站使用而设计的。

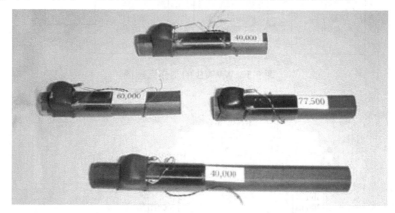

图 9.7　电波钟的几种天线

　　数字信号的接收电路只需要很小的空间和能量，这就使制造尽量小的、适合于放置在手表中的接收器成为可能。因为天线既不能太显眼，又要适合于放置在一个很小的空间里，所以无线电控制手表对天线设计者来说是一个巨大的挑战。电波钟的内部结构如图 9.8 所示。许多手表把天线内置在表盘之中，意味着这种表盘只有使用相同类型的表盘才可以替换。设计者把不到 20mm 宽的微型天线内置在手表之中。尽管设计方面存在诸多挑战，但如今大多数手表可以接收到如表 9.1 所列基站发射的大部分甚至全部信号，这就使环球旅行家们仅通过更改其手表上的时区设置获得世界上大部分地区的准确时间。

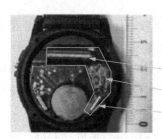

天线

接收板

晶体振荡器

图 9.8　电波钟的内部结构

　　电波钟能够自动读取多种时间编码，但是只有一个天线对它来说仍然是个问题。一旦更换新的接收频率，需要通过改变电容和使接收机内部的晶体振荡器的频率接近于载波频率，来使新的天线线路匹配。由于尺寸的限制，制造更小的表盘天线来接收尽可能多的信号，或者用本地的时钟频率来分离有用信号和噪声以优化低频信号的接收仍然十分困难。许多新产品能够通过自动寻找最强的有效信号来选择基站，如果建造更多的低频时间信号基站就会使它们的自主选择变得更为有效。

9.3 其他类型的电波钟

有许多时钟和时间显示设备能够通过无线电信号自动同步，虽然这个过程明显存在，但很多人可能意识不到。电视、电话亭只是一小部分内置了电波钟的设备。本节将简单介绍常用的几种电波钟。

1. 电视

许多现代的电视机能够接收公共电视广播网广播的时间编码以使其自身的时钟达到同步，时间编码包含在垂直消隐期内，也就是 525 线的模拟视频场的前 21 线。美国国家标准技术研究院于 20 世纪 70 年代推出了一项特殊服务，电视广播网开始使用垂直消隐期的前 21 线来传输文本信息。1993 年，美国出售的 13 寸或者更大尺寸显示器的电视都必须能够接收用于特殊服务的文本信息，或者能够解码 21 线。21 线同时还经常用于扩展数据服务，美国电视信号第 21 线的时码如图 9.9 所示，其中包括协调世界时的日期、时间等信息。数字电视系统与模拟电视系统相比，能够搭载更多的信息。但是不管是用前 21 线还是用独立的数字信道，电视系统都能提供时码信息。

	bit						
	6	5	4	3	2	1	0
Start of "Misc." packet	0	0	0	0	1	1	1
Type=Time-of-Day	0	0	0	0	0	0	1
Minute	0	m_5	m_4	m_3	m_2	m_1	m_0
Hour	0	D	H_4	H_3	H_2	H_1	H_0
Date	0	L	D_4	D_3	D_2	D_1	D_0
Month	0	Z	-	M_3	M_2	M_1	M_0
Weekday (1=Sunday)	0	-	-	-	W_2	W_1	W_0
Year (add 1990)	0	Y_5	Y_4	Y_3	Y_2	Y_1	Y_0
End of XDS packet	0	0	0	1	1	1	1

图 9.9　美国电视信号第 21 线的时码

图 9.9 中的行分别代表开始位编码包、时间类型、分钟、小时、
日期、月份、周几（图中为周日）、年份（加 1990）、结束位编码包

美国的广播行业已经确定，美国公共电视公司的所有基站都发布时间编码。电视、放映机、摄像机都有一个特征，即可以进行时间解码。一旦接收到一个时间编码，电视机或放映机就把它们的时钟进行同步。现在的美国公共电视广播公司有时间同步系统来保证其所有基站广播的时间信号与 UTC 的时间偏差在

33.3ms 内。因为接收系统对许多帧都有一个缓冲，所以接收的误差常常在 100ms 左右。共有 160 多个美国公共电视广播网的基站广播时间信息，在美国有超过 90% 的人对它进行接收。

2. 北斗电波钟

北斗卫星导航系统于 2020 年投入运行，导航信号由卫星向全球广播，能提供米级定位能力和十纳秒级定时能力。卫星上搭载着高精度原子钟。尽管接收北斗信号的电波钟在精度方面有很大的潜力，但是由于北斗信号传播的特性，必须由露天的天线接收北斗信号，很难在室内用天线接收，在大众消费者市场中的普及受到一定限制。然而，仍有不少人使用北斗电波钟。北斗手表如图 9.10 所示。北斗手表虽然体积较大且价格偏高，但是它可以提供更多信息，不仅仅是时间、位置，还能提供运动速度等信息。大众消费的北斗产品一般接收 15GHz 的 B1 载波广播的时间编码。北斗信号所携带的信息包含星期、秒、闰秒，对北斗电波钟来说，可以根据所处的地理位置信息来确定电波钟的时区，然后自动返回本时区的准确时间信息。

图 9.10　北斗手表

3. 移动电话

手机开机后完成与信号同步时，显示在手机上的时间应该是准确的。移动电话信号由无线电通信工业协会相关标准的码分多址基站发射，所有基站都配备卫星导航接收机，基站的时间就是 GPS 或者北斗的时间。这些基站可以看作 GPS 或者北斗信号的中继站。

在多年前，美国有两种 IS-95 的码分多址（code division multiple access, CDMA）系统，他们工作于不同的频段。最初的一种是称为高级移动电话服务的模拟电话系统，使用 869～894MHz 的频段来传输基站的下行信号。另一种更新的且更普及的个人通信系统，使用 1930～1990MHz 的频段来传输基站的下行信号。这两个频段广播的时间和频率信息都是单向的，用户不需要向基站发送信息，基站发出信号的传输距离远远高于手机发出信号的传播距离，这种电波钟的应用范围比电话更广，因此只要是移动电话可以工作的地方，这些电波钟就可以工作，而且在有些移动电话无法工作的地方，这些电波钟也可以工作。随着 5G 时代的来临，移动电话对时间的设置更加方便。

4. 车载调频收音机

在许多调频广播电台无线电基站发射的 57kHz 载波上，也调制有时间信息，许多调频收音机能够从无线电广播获得时间信息。无线电广播系统用于识别基站和广播节目，并且自动同步其车载时钟。在美国的近 5000 家调频无线电基站中，估计有 15%的基站在广播时间信息。时间编码包含约化儒略日、协调世界时及当地时间。在一些收音机闹钟和通信接收器中也使用无线电广播系统对时间进行自动同步。

5. 人造卫星定位及跟踪手表

美国微软公司和美国科学联合会数字系统在 2003 年制造出来利用人造卫星进行定位和跟踪的手表。这些设备能够接收如股票行情、天气数据及体育比分之类的信息，而且还可以通过接收时间编码来同步手表的时间，包括校准本地时区的时间。人造卫星定位及跟踪技术同早期的对无线电数据系统的描述十分类似，信号由现有的调频广播站以美国微软公司出租的 67kHz 载波进行传播。这种手表能够在美国 50 个州的 100 个大城市以及加拿大的 13 个城市正常使用。

当今世界，人们对由电波钟来获取时间的方式既熟悉又陌生。随着科技的发展，相信时钟的同步误差将会很快降低到 1s 之内，到那时，这种"精确时间"将会普及到生活之中。

参 考 文 献

AKED C, 1994. Le temps telegraphique san fils Francais[J]. Radio Time, 5(14): 77-86.

BOULLIN D J, 1989a. The first domestic radio-controlled clocks[J]. Radio Time, 1(1): 12-13.

BOULLIN D J, 1989b. History of radio-controlled clocks[J]. Radio Time, 1(1): 15-19.

GRUBB H, 1898. Proposal for the utilisation of the 'Marconi' system of wireless telegraphy for the control of public and other clocks[C]. Scientific Proceedings for the Royal Dublin Society, Dublin, England: 46-49.

JAYNE J L, 1913. The Naval Observatory Time Service and how Jewelers may make use of its radio signals[J]. The Horological Journal, 56: 10-11.

JONES T, 2000. Splitting the Second: The Story of Atomic Time[M]. London: Institute of Physics Publishing.

LOMBARDI M A, 2003. Radio controlled clocks[C]. 2003 NCSL International Workshop and Symposium, Tampa, Florida, USA: 1-18.

LOMBARDI M A, 2002. NIST time and frequency services[R]. Boulder: National Institute of Standard and Technology.

SIMCOCKA V, 1992. Sir Howard Grubb's proposals for radio control of clocks and watches[J]. Radio Time, 4(10): 18-22.

WEBER G A, 1926. The Naval Observatory, Its history, Activities, and Organization[M]. Baltimore: Johns Hopkins Press.

第 10 章　时间频率信号源控制方法

为保持时间频率信号源的输出与参考时间的一致性，需要对时间频率信号源进行控制，控制的对象从低成本的晶体振荡器到高性能的原子钟，控制的方法根据控制对象、比对方法和控制目标的不同而改变。本章介绍智能钟控制方法和一般的原子钟控制方法，并通过具体例子分析时间频率信号源控制方法。

10.1　智能钟控制方法

智能钟是美国国家标准技术研究院的一项专利，智能钟的目标是通过尽可能少的测量，实现与标准时间的同步。这个概念覆盖的范围非常广，包括手表、家用时钟及专用的高精度时钟。通过与参考标准的比对和同步，采用最优估计和预测，对原子钟或者晶体振荡器的输出进行修正，提高原子钟或者晶体振荡器输出的时间和频率准确度。智能钟是原子钟控制的一个很好的例子，本节介绍智能钟的原理和实现方法（Weiss et al., 1992）。

10.1.1　智能钟简介

智能钟的目标是在与外部最少比对测量数据的基础上，实现对原子钟或晶体振荡器准确度的改善。智能钟由五部分组成：振荡器（如石英晶体振荡器等）、生成时间所需要的累计计数器、运行智能钟算法的微处理器或计算机、与外部标准信号比较用的比对系统、对振荡器输出的时间和频率进行修正的系统。

本地振荡器产生的时间与外部标准时间进行比对，这部分功能由比对系统完成。比对的结果由微处理器进行处理，微处理器使用智能钟算法，通过得到的比对结果估计振荡器性能，用估计的结果修正振荡器输出的时间和频率，并预测下一次测量比对结果。该系统修正时间和频率的能力主要依赖于比对系统和修正系统，测量的数据越多，测量精度越高，对系统的修正精度也就越高，智能钟输出的结果也越好。

智能钟应用范围广泛，类型众多，可以是普通产品，如石英晶体振荡器手表，也可以是专用的高精度氢钟作为参考的时间标准，如国家标准时间 UTC（NTSC）或其他比振荡器好的标准。比对系统根据实际需要选择合适的测量设备和时间频率传递设备。如果智能钟系统的参考标准在同一地点，可以通过电缆连接实现时间频率信号的传递。如果智能钟系统的参考标准在异地，就需要借助通信系统传递时间频率标准。得到标准时间的手段有很多种，如电话授时、长波授时、低频时码授时、卫星授时等。例如，石英晶体振荡器可以通过电话授时与美国的标准时间 UTC（NIST）同步，实现较高的准确度。

10.1.2　振荡器噪声的影响

两台独立运行的钟，随着运行时间越来越长，钟差会逐渐增大，钟差可以超过任何值。为了保证钟的准确性，可以将钟差增大的速度变慢，但不能从根本上消除这种趋势。一种维持其准确度的方法是与参考标准进行持续比对，对钟差进行实时修正，但该方法很难实现。通常，为了保持某台钟和参考时间的同步，可以周期性地对钟进行比对和重置，虽然每一次进行比对和重置时没有噪声存在，但在两次重置中间，两钟之间仍然会存在偏差，可以通过补偿固定钟速的方法修正两钟的钟差。但任何周期性重置、固定的偏移速率补偿等都涉及比对间隔中的处理问题。

另外一个常见的问题是在对钟控制的时候采用改变其速率的方法，一些系统采用影响钟性能的控制方法，如对石英晶体振荡器的矢量控制方法，同时控制时间和频率，这种方法会影响钟参数的建模。智能钟系统尽量避免这种方法，采用最优估计的方法，对钟参数进行建模并对本地钟与外部参考钟的钟差进行预测，然后，在不破坏模型有效性的前提下，控制智能钟系统的输出，提高系统的准确度或者稳定度。

在给定时间间隔 τ 内，一台钟与另一台钟的钟差可以被建模成确定性部分和随机性部分模型。确定性部分是指如果给定初始化条件，在所有时间都可以准确预测钟的行为，在智能钟模型中，确定性部分指初始化时间偏差 x_0、一段时间内平均钟速率或频率的偏差 y 和频率速率 D，这些量与随机变量无关（Allan et al.，1983；Barnes et al.，1982）。

钟之间时间偏差的变化量包括随机性部分，去除确定性部分模型后的石英钟时间偏差如图 10.1 所示，即石英钟扣除频率速率、平均频率偏差和初始时间偏差后残余的差值曲线。出现这种原因是所比对的两钟受环境和老化因素的影响，环境对设备有很多不可预知的影响，如温度、压力、湿度等的波动，无法完全得到补偿。如果能够测量出环境对钟的影响，就可以结合到模型中，改进模型的估计精度。智能钟系统还具有对环境的自适应能力，根据测量到的环境参数自动调节模型参数和参考钟一致。

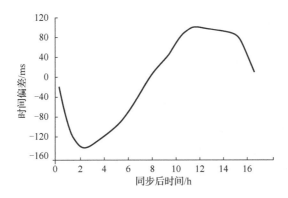

图 10.1　去除确定性部分模型后的石英钟时间偏差

即使去掉所有已知因素的影响，仍然会有残留的随机误差，这些不可预知的、不同类型的随机波动就是各种噪声。在钟和振荡器中最普遍的噪声类型是白噪声、闪烁噪声和随机游走噪声，噪声类型可以用功率谱来描述，不同噪声在不同频段的变化不同。

白噪声从低频段到高频段表现出相同的强度，如声音，在可听见的范围内，低频和高频有同样强度，它就是白噪声；白光包括可见光的所有颜色成分，并且强度相同。像声音和白光一样，包含的频率成分是可分解的，任何信号可以根据其波形分解成不同的频率成分，这里的"频率"和钟的速率或频率是不同的概念，这里的频率常被称为"傅里叶频率"，是描述信号功率谱分布密度的一个独立变量。

接下来考虑随机游走噪声性质。假设某人准备在一条东西走向的街道上出发，由掷硬币决定下一步行走的方向，如果是掷到正面，就向东前进固定距离的一步，如果是反面就向西前进同样距离的一步。若硬币出现正反面的概率是相同的，正反面组成的序列可以理解为白噪声序列；如果此人的每一步都从开始点向东或是向西，这个人移动所表现出来的波形序列就是随机游走噪声序列。如果他每次从上次停止的位置出发，将以一个随机的方向远离起始点，在 N 步后前进的路程是前面所有路程的总和，可以预测从他的初始点开始前进的距离。在 N 步后，他的位置是离初始位置 $\sqrt{N}$ 步远。随机游走过程是白噪声过程的累积，是白噪声过程的积分，类似于时间偏差和频率偏差的关系。因此，钟的频率偏差中的白噪声将引起一个时间上的随机游走过程。

闪烁噪声介于白噪声和随机游走噪声之间，闪烁噪声比随机游走噪声远离起始点速度更慢，若白噪声信号在平均值附近波动，闪烁噪声没有平均值，而是像随机游走噪声那样跳变，以不确定的值远离某点。因此，一个信号包括了随机游走或闪烁噪声，在给定一个初始值的情况下，如果运行时间足够长，这个信号有可能超过任何值。

振荡器频率在白噪声的影响下，其时间偏差会出现随机游走现象。频率上的随机游走噪声导致钟的时间逐渐偏离参考标准，时间偏差是频率随机游走的累计或积分，通常，频率偏差的影响大于随机游走噪声的影响。钟的输出也会表现出闪烁噪声，任何钟被不同程度的随机游走噪声干扰。

典型的石英晶体振荡器随机偏差通常表现为在时钟速率或频率上的闪烁噪声，常常也有频率上的随机游走过程。

10.1.3　智能钟实验

本小节用一个实验说明智能钟的原理和实现方法。这个实验是 Allan、Ashby 等在 1992 年完成的（Weiss et al.，1992）。

从商店里购买 3 个最便宜的钟表，每个约 6 美元，它们的最小读数为 0.01s，显示器是液晶的。这些秒表的内部频率以石英晶体振荡器频率 32.768Hz 为参考，并排绑在同一块板上，以便于同时观测。

在固定秒表的板子前面安装了一个照相机，设置照相机的快门速度为 0.001s，测量 3 个钟表的读数。每天都会使用位于科罗拉多州玻尔得的原子钟中心的电话授时，而且尽可能在该中心协调世界时的 14:00:05 时刻按下照相机的快门。实验的地点位于科罗拉多州的玻尔得，对应本地时间的上午 7:05。为了精确拍照，需要准确控制相机快门时间，因此触发时间选择了 7:00 后 5s 的延迟。该实验每天一次，持续了 145d。

实验中，主要的环境影响是室内温度的季节性变化，压力、湿度、震动的影响与温度影响相比都可忽略不计。

实验由 Ashby 操作照相机，减小照相机的触发误差。理论上，因为读数每 10ms 才改变一次，所以 1ms 的快门速度应该可以获得液晶显示器的读数。在有些情况下，获得的读数还是有变化的。

冲洗照片后从中读取每一个钟表的数据，这些数据的精度都达到毫秒，而且每天读数一次。理论上，10ms 转换精度带来的标准偏差仅为 2.9ms。测量噪声主要来自于按下快门的时间和原子钟信号在电话线中传播的时延。因为实验地点在玻尔得，而在玻尔得只有一个电话交换站处理这种呼叫，所以这个时延应该是毫秒级的。

实验开始时，以玻尔得协调世界时为参考调整这些钟使它们保持同步。钟每天的时间偏差如图 10.2 所示，图中包括了调整 3 个钟同步时的初始点。钟 1、钟 2、钟 3 的频率准确度分别为-1.17s/d、0.48s/d 和-0.81s/d。如果这些速率除以一天的总秒数，就得到每个钟的相对频率偏差，分别为-0.94×10⁻⁵、0.56×10⁻⁵ 和-1.36×10⁻⁵，这些数据是这种质量的钟表的典型值。手表的优势是其温度是由人的身体控制的，而石英晶体振荡器通常是在该温度按照正确的频率运行。

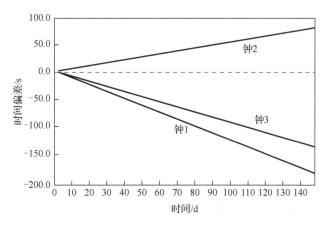

图 10.2　钟每天的时间偏差

　　用玻尔得的原子钟来校准这 3 个钟的频率，如果减去上面每个钟的频率漂移，可以观测到钟的残留时间偏差，钟的残留时间误差如图 10.3 所示。这样峰值误差是图 10.2 中误差的 1/100 甚至更小。另外，对 3 个钟之间的长期相关性也进行了观测，特别是钟 2 和钟 3 之间的相关性很强，这可能是由它们处于相同的温度环境以及有非常相似的温度特性所引起的。

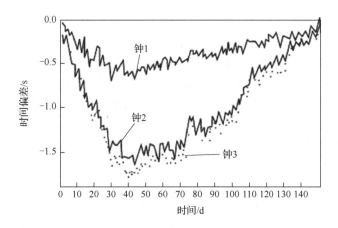

图 10.3　钟的残留时间偏差

在图 10.3 中，通过三条曲线的形状可以看到明显的频率漂移。针对该实验中遇到的噪声类型，由式（10.1）估计频率漂移：

$$D = \frac{4\left[x(N) - 2x(N/2) + x(0)\right]}{T^2} \tag{10.1}$$

式中，$x(0)$、$x(N/2)$、$x(N)$ 分别为数据开始时刻、中间时刻和结束时刻的时间偏差；T 为整个 145d 中的数据持续总时间。减去频率偏差和频率漂移后获得的时间偏差如图 10.4 所示。

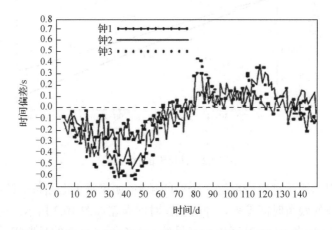

图 10.4　减去频率偏差和频率漂移后获得的时间偏差

设 $x_1(i)$、$x_2(i)$、$x_3(i)$ 分别为每个钟的时间序列，其中 i 从实验开始算起，通过这些数据得到时间偏差。使用 3 个钟各自的时间序列来计算每天的时间稳定度，分别为 48ms、52ms 和 54ms。这些值是快门触发时间噪声、液晶显示器噪声和石英晶体振荡器噪声之和。频率标准漂移可能是内部机制或者由环境引起，无法推断出不同噪声源所占的比例。钟 2 减去钟 3 的修正阿伦方差（表征频率稳定度）如图 10.5 所示，在一天的平均时间内，测量噪声都高于晶体振荡器噪声。在这种情况下，可以通过开始时刻、中间时刻和结束时刻三个点的频率漂移估计，而且这个估计是简单且有效的。图 10.3 中，去掉平均频率的时间偏差，在开始时刻和结束时刻的频漂为零。因此，以上的频率漂移方程可以表示为

$$D = -8x(N/2)/T^2$$

式中，$x(N/2)$ 为中间时刻误差点；T 为数据持续总时间。图 10.4 中的剩余误差可能是由测量误差、同温度下的钟引起的相关效应和石英晶体振荡器的长期随机波动组成的。

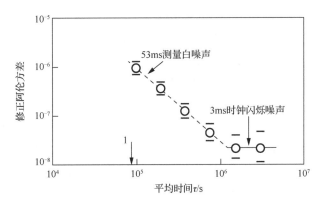

图 10.5　钟 2 减去钟 3 的修正阿伦方差

由于每天都是在相同的时刻且在 1ms 误差内采集数据的，可以将 2 个钟每天的测量值进行相减，抵消快门触发噪声，得到 $x_{12}(i) = x_1(i) - x_2(i)$；同理，得到 $x_{13}(i)$ 和 $x_{23}(i)$。根据这些差值能够得到 2 个钟的稳定度，在随机不相关噪声的情况下，协方差趋近于零，可以通过式（10.2）计算每个钟的方差：

$$
\begin{cases}
\sigma_1^2 = \dfrac{\sigma_{12}^2 + \sigma_{13}^2 - \sigma_{23}^2}{2} \\[2mm]
\sigma_2^2 = \dfrac{\sigma_{12}^2 + \sigma_{23}^2 - \sigma_{13}^2}{2} \\[2mm]
\sigma_3^2 = \dfrac{\sigma_{13}^2 + \sigma_{23}^2 - \sigma_{12}^2}{2}
\end{cases}
\tag{10.2}
$$

式（10.2）有 3 个方程和 3 个未知数。求出这 3 个方差，然后通过平方根导出 3 个液晶显示器的数据，即每天的稳定度分别为 27ms、40ms 和 36ms，这些值比理论值 2.9ms 大很多，此时需要分析噪声来源，在下面的介绍中可以看到该噪声并不是钟的噪声。

上述差分方程描述为

$$
x_{12}(i) = \left[x_{L1}(i) - x_{L2}(i) \right] + \left[x_{C1}(i) - x_{C2}(i) \right]
\tag{10.3}
$$

式中，等号右端第一项表示液晶显示器运行误差；第二项表示钟的误差。如果每个序列受温度影响的程度是一样的，差分方式还可以抵消由温度变化引起的误差。如果去除相关起伏和主要系统误差，就只剩下随机不相关起伏。

现在分析快门触发噪声，即手指按下快门的时间与玻尔得原子钟的同步程度。通过对前面给出的各自时间序列每天的时间稳定度取平方，然后减去液晶显示器转换噪声的方差估计值，就可以得到快门触发测量噪声的方差估计值。取这些数据的平方根分别为 40ms、33ms 和 40ms，3 个方差平均后取平方根得到 38ms，这就是实验者按下快门与准确时间信号的同步程度。

正如前面提到的，由温度引起的影响和快门触发噪声在很大程度上可以通过时间差分去除。图 10.5 中，第一部分偏差斜率为 $\tau^{-1.5}$，这个斜率与随机噪声和不相关测量噪声一致。在这个平均时间范围内，钟不会出现该类型的噪声。在长期取样时间的情况下斜率更接近于 τ^0。这个斜率是频率闪烁噪声模型的特点，是钟的典型噪声。按照 τ^0 外推到 τ=1d，可以知道由钟引起的每天的时间稳定度约为 3ms。因此，前面计算每天的时间稳定度主要受液晶显示器和快门触发影响。

综上所述，如果校准价格较低的钟，去除系统误差，其守时能力会得到显著改善：从每年几百秒的误差减小到每年 1s。采用现代的自动校准和系统误差校正技术，常用的钟表守时能力会有显著改善，这样钟的误差很小，而且不需要重新调整。这种技术的实现方法已经授予专利，使用专利中的一些思想并结合其他技术，基于全球定位系统，可以使石英晶体振荡器获得类似原子钟的性能。

10.2　原子钟控制方法

在精密时间与时间间隔应用中，最核心的问题就是各时间尺度的协调。通过控制原子钟，使得此系统时间无限接近另一个系统时间，在时间和频率上实现零钟差或者是常数钟差的目标。为了达到这样的目标，需要通过控制算法调整不同的时钟速率。本节对几种不同的速率控制方法进行了分析，不同方法的优劣需要根据用户的使用要求进行评价（Farina et al.，2010；Allan et al.，1990）。

10.2.1　原子钟控制简介

1. 控制理论与原子钟控制

控制理论在很多领域取得了很高的成就，火箭科学中控制理论的发展就是一个很好的例子。美国的航天飞机在 1993 年 12 月对哈勃太空望远镜进行调整和维修，依靠的就是控制技术。对接火箭的关键就是获得运行的轨道并且跟踪它。如果控制错误，航天器就不能到达预计轨道，有可能从旁边经过，或者两者相撞。必须通过对火箭推动状态的精确控制补偿运动方向的偏差，这是非常关键的操作。火箭只有两种状态，脱离航天器或者是全力向它冲刺。

实验室的钟也需要考虑控制问题，使得被控对象保持和其他作为参照钟有零钟差或者固定钟差。若控制能实现预期目标，所附加的钟差调整量不应该过大从而引起过调，也不应该过小从而达不到预期目标，比较复杂的是调整速率可变的控制,这样能获得更加精确的钟。应用于其他领域的控制理论同样适用于控制原子钟。

2. 控制原子钟的原因

为了研究原子钟控制方法,需要先分析原子钟自由运行时的特性。一个实验室会定期(每小时、每天、每周)监测本地钟时间与标准时间之间的时差,如果有缺失的数据点,一般采用内插法补充完整。未进行控制的原子钟的时间与参考时间的时差如图 10.6 所示。

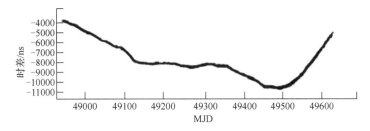

图 10.6　未进行控制的原子钟的时间与参考时间的时差

从图 10.6 可以看出,曲线的斜率是变化的,也就是说它有一个非常量的频率漂移,这使钟的输出时间与参考时间存在较大偏差,会对一些用户造成很大影响。

10.2.2　原子钟控制方法

为了修正钟的频率漂移,最基本的原子钟控制方法如图 10.7 所示,对原子钟与参考钟的时差进行监测。当时差增加到一个预定值时,控制它跳到一个偏差较小的值。在控制过程中,不断使用变化的偏差值来调整时差。类似于太空飞船早期应用的控制方法,允许飞船有一定的偏离,通过可变时间的全推力控制飞船的前进或者后退。

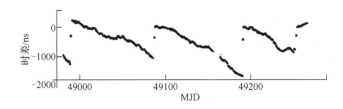

图 10.7　最基本的原子钟控制方法

如果对铯原子钟采用这种控制方法,可能存在两个主要的问题:首先,因为调整引起的时间跳变可能会影响使用,需要在不使用原子钟的时刻对其进行调整以避免影响用户使用。在对钟调整时,监测时差变化,确定偏差值的跳变。其次,铯原子钟和其他类型的钟在时间跳变时可能会引起本身特性上的改变。例如，对铯原子钟进行任何调整都会影响其频率，原子钟特性改变对用户的影响主要根据用户的要求而定。

一般情况下，对原子钟的控制不是对原子钟自身的控制，而是对钟的输出进行控制，控制的量还是时间，通过相位微调仪或者其他类似设备来控制钟的输出。

各种控制方法中，经常使用并且最高效的方法是"乒乓"方法，最原始的形式是双态控制模式。20 世纪 80 年代，GPS 主控站就采用这种方法来控制 GPS 时间。这种方法是让钟自由地漂移至达到一个预定的时差，然后使用相位微调仪调整输出频率。调整后的时钟输出以新的速率漂移，并且新的速率和自由运行时速率方向相反，这种速率将一直保持到时差达到另外一个预期值，再取消控制量，使钟的速率恢复至初始值。在 GPS 系统中，一般的速率调整值是 $\pm 1.0 \times 10^{-19}$ s/s^2，双态控制模式下的时钟输出时差如图 10.8 所示，时钟的输出在两个设定的时差之间往返振荡，因为自然速率与调整后的速率并不相同，因此波形是非对称的。

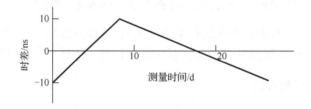

图 10.8　双态控制模式下的时钟输出时差

更先进的方法是较为复杂的三态控制模式，该模式引入了一个对系统调整的零速率状态。实现的过程：当时差在一个较小范围内时，对系统的控制采用零速率调整。当时差值超出这个范围后，使用上升或者下降的调整速率，控制时差回到小范围内，然后仍采用零速率调整。这种方法很容易编程实现，但它没有改变钟的自然速率。三态控制模式下的时钟输出时差如图 10.9 所示，时钟的输出时差呈现出波动，对需要时钟稳定输出的用户是不够的。

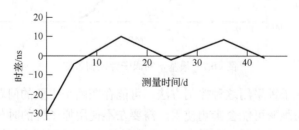

图 10.9　三态控制模式下的时钟输出时差

前面控制方法采用固定的、预定的速率来调整时钟。接下来考虑使用可变速率的调整方法加强对系统的调节和控制。首先，考虑如何确定变化的速率；其次，考虑怎样应用可变速率修正时钟。

首先，需要对时钟的自然速率进行调节，只有这样，才能避免时钟自身的振荡，但是这样做的前提是确定钟的自然速率。

第一种方法是把开始计时的第一个数据记录下来作为基准，让时钟长期自由运行足够长的时间，记下这段时间内的最后一个数据，前后相减的结果除以间隔时间就得到速率。这种结果通常用在计算每天调整一次时钟的情况。但是，该方法存在一个潜在问题，如果作为基准的数据有噪声，那么计算得到的速率可能存在数量级或符号上的错误。

第二种方法是对连续几天采集的数据进行差分，计算出频率，对计算得到的时差取平均值，这样将降低第一种方法出现错误的可能性。作为一个好的系统，连续采集数据将使系统更稳定，并且使用连续的数据能计算出速率的改变量。但是这种方法仍然存在一定的问题，基于精密测量和控制，需要非常多的数据来计算频率漂移，但数据量并不一定满足要求。另外，这种方法不能对钟跳的突然变化做出及时反应。

第三种方法是对数据进行综合分析，估算斜率、使用滑动平均或线性拟合的方法，可以非常精确地确定短时间内的斜率；使用数据滤波的方法，去掉异常值，改善系统的稳定度。经过综合比较，发现线性拟合的方法相对较好，因为线性拟合方法更直观，去除奇异值也比较有效。事实上，最优线性滤波器在原子钟数据处理方面是非常好的滤波器。

现在已经确定钟的自然速率，在此基础上，可以对钟进行更好控制。导出一个将要提到的原子钟控制方法，它对钟的速率修正不再采用固定值，而是根据计算结果变化调整的。通过前面讨论的方法可以确定钟的自然速率，接下来将使用得到的钟速率作为一个对钟调整起始参考点。

例如，如果已经知道钟的速率是每天 30ns，可以使用相位微调仪以每天-30ns的速率进行修正，修正后的钟相对于参考标准，钟差变化速率应该是 0。也可以不用相位微调仪，通过对原子钟 C 场的调节进行速率修正，但相位微调仪调整起来更加方便。

通过这种方法可以获得一个零速率的原子钟，但有时还需要一个零偏差的原子钟。通过手工计算偏差值，控制原子钟的时间跳变，使其返回到零偏差值。如果得到的自然速率不够精确的话，长期累计变化的结果可能导致需要再一次进行调整，重复前面的调整过程。这样，需要对系统进行长期监控，由经过培训的工作人员在需要的时候对时钟进行调整。

计算出时钟的自然速率，再附加一个使时差达到零的小改正速率，用这个量对时钟进行调整，使钟差达到零偏差或者接近零偏差。如何确定附加的小改正速率是主要问题。美国海军天文台采用附加小改正速率的方法控制原子钟，使用偏差值作为时钟控制附加速率计算的一个因子，可以得到较好的控制结果。也就是说，理想的时钟控制方法，在将时钟偏差调整到零时，不仅应考虑时钟偏差离开零偏差的方向，还应考虑目前偏差值的大小。

例如，某钟时差变化速率是每天 50ns，并且当前的偏差值是零，只需要引入一个每天-50ns 的速率就可以补偿钟偏差的漂移，实现零偏差；另外，如果钟偏差变化速率是每天 50ns，而当前的钟差是 100ns，不但需要引入每天-50ns 的钟差变化量来补偿速率，同时应该减去一个附加速率，使钟差能返回到零。附加的速率应该由当前的偏差值除以一个衰减因子得到，可以取衰减因子为 4。这个例子中，每天 50ns 的速率调整使偏差变化更加平稳，而附加的速率使钟差在 4d 后返回到零。这种算法不但完成了将时钟偏差变化速率修正到零的任务，而且在时钟和参考时间标准的偏差不为零时，将偏差逐渐修正到零。美国海军天文台的时钟控制方法就是基于这种模式实现的（Howe et al., 2001）。

理想情况下，这种简单的控制方法能高效地将偏差修正到零，但是，当速率无法准确修正时，结果则无法达到预期。很多情况下无法准确修正原子钟速率，如计算机对相位微调仪的控制异常、计算机或者相位微调仪出错、手工操作出错、操作人员不到位等，通过阻尼因子的使用，可以缓解因上述原因引起的误差。

10.2.3　海军天文台对原子钟的远程控制方法

1. 控制方法

海军天文台对钟的远程控制已经发展为非常精密的过程，该过程完全由计算机控制。工作人员只在设备故障、钟跳变或复位等异常情况下进行处理。处理的过程首先是通过 GPS 比对获得远程时钟与海军天文台主钟的钟差数据，处理后获得钟的速率数据。速率数据的获得有几种方法，海军天文台使用的是 48h 数据线性拟合的方法。只要根据几天的数据发现钟差，就启动速率修正程序。

确定相位微调仪调整量，需要进行多次测试，根据测试结果确定调整值。首先要做的测试是判断校正控制是否可行。在计算速率调整量时，所采用数据存在很大的风险，因为采集的数据可能混合上一次调整前的数据和上一次调整后的数据，用混合数据计算得到的速率来调整钟。使用混合数据调整原子钟的结果如图 10.10 所示。因此，在对数据进行拟合计算调整量时，不采用上次调整前的任何数据。

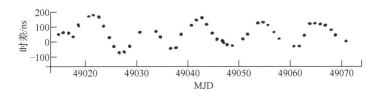

图 10.10　使用混合数据调整原子钟的结果

其次，确保有足够多的数据来精确确定远程钟的速率。至少需要 2d 的数据，数据量越大，计算的结果就越准确。但是，如果时间太长，就存在钟跳变和复位等快速反应的问题。因此，应该尽可能减少连续两次控制中间间隔的时间。

由于需要进行前面两个步骤的测试工作，对钟的远程控制间隔至少需要 4d 的时间，不使用混合数据，再加上足够的数据点数，使用这种控制方法控制的时钟长期稳定度可以提高 10 倍。

接下来需要确定钟的实际速率，通过上面对偏差的测试和预测，很容易确定钟偏差漂移的方向是朝着零点还是远离零点，也可以确定到下次调整的间隔内偏差的符号是否改变，可能出现四种情况：

（1）钟差的测量值和预测值同号且朝向零方向，此时，速率调整值是预测偏差值除以阻尼因子，再除以校准间隔，除两次是为了防止对钟的过调。

（2）钟差的测量值和预测值同号且趋于远离零值方向，此时的调整量是使频率偏差漂移回到零的值，再附加一个使时间偏差恢复到零的值。附加值通过将时间预测偏差值除以阻尼因子得到，此时不需要再除以调整时间间隔，因为这不会使钟偏差反向。

（3）当钟差的测量值和预测值符号相反时，有很多种调整方法，最理想的是使频率调整量等于时间偏差漂移率除以衰减因子，并使钟差变化速率为零。

（4）测量的钟差数据一部分与预测值同号，一部分反号，这时调整量是将钟速减小到零并加上将钟差调整到零的调整量。附加的调整量是预测值除以衰减因子，不需要再除以钟控制的时间间隔。这是因为该方法引起的过调量较小，不会使钟偏差变化引起大的反向。

使用这些修正量对钟进行控制，控制量在下一次调整前保持不变。

2. 控制的结果

采用这种控制方法，对两台原子钟进行远程控制，对某空军基地原子钟远程控制的结果如图 10.11 所示，对封闭环境原子钟远程控制的结果如图 10.12 所示。两种方法都采用相同的钟速计算方法，通过相位微调仪对原子钟进行调整。

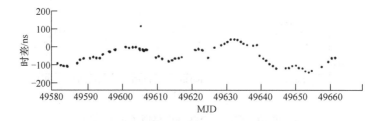

图 10.11　对某空军基地原子钟远程控制的结果

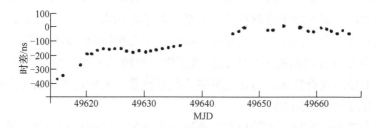

图 10.12　对封闭环境原子钟远程控制的结果

10.3　原子钟控制的实例

本节介绍一种原子钟输出的智能控制方法，通过最优估计和预测结果对本地钟的输出进行修正，使用最少的测量次数把钟与外部标准同步。利用控制算法的原理及设计方法，在一年的 87600h 内通过 67h 的比对可以把铯原子钟的最大钟差从 3500ns 控制到 ±30ns（李孝辉等，2003）。

10.3.1　原子钟控制的应用

随着科学技术的发展，人们对时间同步的要求越来越高，时间同步广泛应用于导航、测绘、通信等领域。在移动通信系统中要求各个基站之间时间的同步，但每一个频率源都有漂移和老化，输出时间不可避免地偏离标准时间，因此需要进行适当的控制来降低偏离程度。另外，BIPM 要求每一个守时实验室保持的协调世界时同 BIPM 的 UTC 同步在 100ns 以内，这就需要能够对原子钟的输出进行精确控制。适当的时候调整原子钟的输出，使其同步到 UTC 上。但是，在调整原子钟输出的时候，不可避免地会降低原子钟的频率稳定度，这对使用原子钟频率的用户是很不利的。因此，对原子钟的调整要求是对频率的影响尽可能小，这样才能满足各方面的需求。

对原子钟的输出进行修正，原子钟必须同外部参考时间标准进行比对。科技的进步提供了越来越多的比对手段，从网络、电话、短波、长波到 GPS 比对，再到现在的卫星双向比对、光纤时频传递，这些比对手段的精度越来越高，为用户提供了更多选择，用户可根据精度的要求选择一个适当的比对手段。有些比对经济代价较高，相对来说比对的次数也要尽可能少。

　　本节介绍一种原子钟输出的智能控制方法，目的是利用最少的比对次数实现对原子钟输出的控制。测量原子钟与外部标准时间的时差，利用最优估计和预测结果对本地钟的输出进行修正，使原子钟输出的时间准确度满足需要。这个方法的实现取决于本地钟的性能和外部参考标准时间的精度，根据需求选择合适的比对方法。

10.3.2　原子钟模型参数估计方法

　　对于一个不加控制的本地钟输出，可用式（10.4）表示：

$$T(t) = a + b \cdot t + \frac{1}{2} \cdot c \cdot t^2 + x(t) \tag{10.4}$$

式中，$x(t)$为噪声，受各种不确定因素的影响；a为初始时刻的时间偏差，即初始时刻本地钟与标准时间的时差；b为初始时刻的频率偏差，即初始时刻本地钟的频率与标准频率的偏差；c为频率速率，也称频率老化系数，是本地钟本身的参数老化等原因引起的，在频率上表现为线性的偏离标准频率，在时间上呈二次方的趋势偏离标准时间。对于某一个钟或振荡器，a、b、c三个因子可以当作常数处理。

　　国家授时中心铯原子钟 Cs07 的输出与时间标准 UTC（NTSC）一年的时差如图 10.13 所示，可以看出，钟的输出与标准时间的偏差逐渐增大，开始到结束钟差漂移约 3500ns。由于 a、b、c 三个因子是确定因素，如果能把这三个因子从本地钟的输出中扣除，那么钟的输出准确度将大大提高。

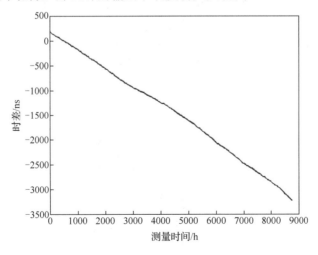

图 10.13　国家授时中心铯原子钟 Cs07 的输出与时间标准 UTC（NTSC）一年的时差

原子钟控制系统原理如图 10.14 所示。将本地钟与 UTC（NTSC）进行比对，确定 a、b、c 三个因子的值及估计精度，由控制程序计算本地钟输出的频率改正数，然后改正本地钟的输出，并输出经过改正后的时间。控制程序的另一个作用是确定比对时刻，更新 a、b、c 三个因子的值，然后在适当的时候发出比对指令，控制比对设备接收信号以及进行比对。

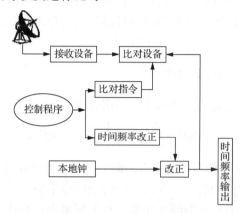

图 10.14　原子钟控制系统原理图

在原子钟控制系统中，控制程序是核心，它利用最优估计和预测结果对原子钟的输出进行预测，根据预测结果对原子钟进行修正，使时间和频率的准确度和稳定度在一定范围内。算法要确定维持期望的稳定度和准确度需要与外部参考时间标准进行比对的时间及次数。与外部参考时间标准联系需要一定的经济成本，如卫星双向比对要担负卫星租用的费用，因此与外部参考时间标准比对的时间要尽可能地少。

修正本地钟输出的前提是对其参数的正确估计，这方面的研究很多。当本地钟的噪声主要是相位白噪声时，可以采用下面的估计算法。

假定在 t_1 时刻测量得到振荡器的输出改正数 CV_1，t_2 时刻测量得到振荡器的改正数 CV_2，t_3 时刻测量得到振荡器的改正数 CV_3，t_n 时刻测量得到振荡器的改正数 CV_n，这些量同本地钟 a、b、c 的关系可用式（10.5）表示：

$$\begin{bmatrix} 1 & t_1 & \dfrac{1}{2}t_1^2 \\ 1 & t_2 & \dfrac{1}{2}t_2^2 \\ 1 & t_3 & \dfrac{1}{2}t_3^2 \\ \vdots & \vdots & \vdots \\ 1 & t_n & \dfrac{1}{2}t_n^2 \end{bmatrix} \cdot \begin{bmatrix} a \\ b \\ c \end{bmatrix} = \begin{bmatrix} \mathrm{CV}_1 \\ \mathrm{CV}_2 \\ \mathrm{CV}_3 \\ \vdots \\ \mathrm{CV}_n \end{bmatrix} \qquad (10.5)$$

当比对次数超过 3 次时，可采用式（10.6）求解式（10.5）：

$$
\begin{bmatrix}
\sum_{i=1}^{n}1 & \sum_{i=1}^{n}t_i & \frac{1}{2}\sum_{i=1}^{n}t_i^2 \\[2mm]
\sum_{i=1}^{n}t_i & \sum_{i=1}^{n}t_i^2 & \frac{1}{2}\sum_{i=1}^{n}t_i^2 \\[2mm]
\frac{1}{2}\sum_{i=1}^{n}t_i^2 & \frac{1}{2}\sum_{i=1}^{n}t_i^3 & \frac{1}{4}\sum_{i=1}^{n}t_i^4
\end{bmatrix}
\cdot
\begin{bmatrix} a \\ b \\ c \end{bmatrix}
=
\begin{bmatrix}
\sum_{i=1}^{n}CV_i \\[2mm]
\sum_{i=1}^{n}CV_i \cdot t_i \\[2mm]
\frac{1}{2}\sum_{i=1}^{n}CV_i \cdot t_i^2
\end{bmatrix}
\tag{10.6}
$$

根据式（10.6），可以得到 a、b、c，以此估计本地钟在各个时刻需要修正的量。

10.3.3 分析与结论

采用上面所述 Cs07 的数据验证设计的控制系统。把国家授时中心的一台铯原子钟 Cs07 作为本地钟，用 UTC（NTSC）作为外部参考时间标准，模拟各部分的运行情况，验证算法的可行性。

在开始运行的时候，采集 5 组数据，估计钟的各个参数，然后让整个系统自由运行。当时差超过预定值，本例中定为 30ns，系统自动修正原子钟频率参数。修正后原子钟的输出如图 10.15 所示，时间与 UTC 的时差没有超过 30ns，符合预先设定的要求。运行结果显示，在 365d 内的 8760 个数据点上，总共比对了 67 次，比对次数较少，证明算法的可行性。

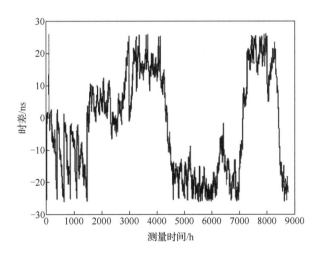

图 10.15 修正后原子钟的输出

本节的控制算法是一种原子钟的智能控制方法，它可以将本地振荡器同步到外部参考时间标准，提高本地振荡器输出的准确度。该方法应用范围广泛，并不仅局限于高精度原子钟，本节只给出了一种设计实例。实际中对于不同的本地钟，a、b、c 三个因子的作用不同，在计算输出修正时要分别考虑，并且对不同本地钟和不同噪声类型实行最优估计和预测的方法也不同，根据需要的精度和本地钟的类型设计出合适的方案。

参 考 文 献

李孝辉, 吴海涛, 高海军, 等, 2003. 用 Kalman 滤波器对原子钟进行控制[J]. 控制理论与应用, 20(4): 551-554.

ALLAN D W, LEVINE J, 1990. A rubidium frequency standard and a GPS receiver: A remotely steered clock system with good short-term and long-term stability[C]. Proceeding of 44th Annual Frequency Control Symposium, Baltimore, USA: 151-160.

ALLAN D W, WEISS M, 1983. Separating the variances of noise components in the Global Positioning System[C]. Proceedings of the Fifteenth Annual Precise Time and Material Interval(PTTI)Applications and Planning Meeting, Washington D C, USA: 115-131.

BARNES J A, JONES R H, TRYON P V, et al., 1982. Stochastic models for atomic clocks[C]. 14th Annual Precise Time and Time Interval(PTTI)Application Planning Meeting, Greenbelt, USA: 295-306.

FARINA M, GALLEANI L, TAVELLA P, et al., 2010. A control theory approach to clock steering techniques[J]. IEEE Transactions on Ultrasonics Ferroelectrics and Frequency Control, 57(10): 2257-2270.

HOWE D, BEARD R, GREENHALL C, et al., 2001. Total Hardmard variance: Application to clock steering by Kalman filtering[C]. Proceedings 2001 EFTF Conference, Neuchatel, Switzerland: 423-427.

WEISS M A, ALLAN D W, DAVIS D D, et al., 1992. Smart clock: A new time[J]. IEEE Transactions on Instrumentation and Measurement, 41(6): 915-918.

第 11 章　典型的主钟系统与主钟驾驭方法

主钟是一台可以产生物理信号和时间信号的原子钟，主钟系统包括原子钟及原子钟输出辅助装置，通过辅助装置对原子钟的偏差进行调整，产生需要的时间和频率。不同的时间产生方式需要不同的主钟系统，也要求不同的驾驭方法。本章将介绍目前主要的主钟系统，并对主钟驾驭方法进行了分析。

11.1　主要的主钟系统

主钟系统一般通过原子钟和原子钟输出辅助装置实现。例如，铯原子钟和相位微调仪可以组合成一套主钟系统，相位微调仪以铯原子钟的频率为参考，根据外部输入的频率和相位驾驭量，输出时间和频率信号。一般，对主钟系统的驾驭需要以原子钟计算的时间尺度为依据，或者以更高的标准为依据。不同用途对主钟系统有不同要求，有的用户需要主钟的时间准确，有的用户需要主钟的频率准确，而有的用户需要主钟的频率稳定。对主钟驾驭时，根据用户的需求，采用合适的驾驭方法，使主钟输出满足用户需求。

目前，国际上比较成熟的主钟系统有四种，本节将对其原理进行分析。

11.1.1　UTC（NTSC）的主钟系统

UTC（NTSC）是中国科学院国家授时中心保持的协调世界时，是中国的标准时间，UTC（NTSC）由国家授时中心的主钟系统产生。截至 2022 年，UTC（NTSC）的性能在国际众多守时实验室产生的协调世界时中排名前列。

1.　UTC（NTSC）及其主钟系统

UTC 是由 BIPM 和国际地球自转与参考系服务（International Earth Rotation Service, IERS）保持的时间尺度，是世界各国时间服务的基础。UTC 在 1972 年被正式定义，它代表了国际原子时和世界时的协调。UTC 与国际原子时的速率完全一致，但在时刻上与 TAI 相差若干整秒。UTC 是通过闰秒来调整的，以确保它的时刻和世界时的时刻近似相同，差值不大于 0.9s，它形成了标准时间信号和标准频率发播的基础。

闰秒发生的时刻由 IERS 决定和通知。国际计量局在计算得到 TAI 时，根据 IERS 提供的 UT1 与 UTC 之差确定闰秒时刻。

各地时间实验室自行产生和保持一个 UTC 在本实验室的物理实现，为用户提供接近于 UTC 的标准时间信号，这个标准时间尺度就是 UTC（k），其中，k 是时间实验室的代号。UTC（k）是以高精度原子钟作为频率源，经过人为的频率驾驭而得到，UTC（k）与 UTC 有一定的差异，不同实验室保持的 UTC（k）也不相同。有无线电时间服务的实验室保持的 UTC（k）应做到：

$$|UTC - UTC(k)| \leqslant 100ns \tag{11.1}$$

TA（k）是用实验室 k 的原子钟比对数据按原子时算法计算得到的地方原子时。原则上，TA（k）的频率稳定度优于钟组中任一原子钟的频率稳定度。

参加 TAI 合作的实验室 k，每月月初把上月 UTC（k）-TA（k）的数据、UTC（k）-GPST 的数据和（或）UTC（k）-UTC（j）的卫星双向时间比对数据提供给 BIPM，BIPM 归算 TAI 之后，在每月出版的 T 公报中公布 TAI-TA（k）和 UTC-UTC（k）的值，一般数据滞后一个月。

UTC 的地方代表 UTC（k）是由各地时间实验室中的一套硬件和软件系统产生的地方协调世界时。中国科学院国家授时中心产生和保持的时间为 UTC（NTSC），根据 BIPM 公布的一个月前的 UTC-UTC（NTSC）值，对本地主钟系统进行驾驭，产生实时的 UTC（NTSC）。

2. UTC（NTSC）的主钟系统工作原理

中国科学院国家授时中心产生和保持一个 UTC（NTSC），为用户提供接近于 UTC 的标准时间信号。UTC（NTSC）以实验室内高精度原子钟作为频率源，用一组原子钟形成地方原子时尺度作为监控参考，经过频率驾驭而使 UTC（NTSC）接近于 UTC。用于时间实验室产生和保持 UTC（k）的一套硬件和软件系统称为"守时系统"或"时间基准系统"。国家授时中心的"守时系统"分成 5 个子系统，产生 UTC（NTSC）守时系统的组成如图 11.1 所示。

1）钟组

由 30 余台铯原子钟和 10 余台氢原子钟组成钟组，钟组自由运转，即不对钟本身进行人为的调整。

2）主钟系统

由钟组中的一个频率比较稳定的钟作为主钟系统的频率源，再加上相位微调仪和分频钟组成主钟系统，分频钟的输出端可以设定为主钟系统输出的标准时间信号的物理端口，输出 1PPS 标准时间信号，该标准时间就是 UTC（NTSC）的物理实现，所确定的物理端口的相位时间即 UTC（NTSC）的基准点。在实验室内、外用户所得到的 UTC（NTSC）的时间信号应计算该信号与基准点之间的时间延迟。频率分配放大器和脉冲分配放大器分别把产生的频率信号和时间信号分配给其他用户使用。

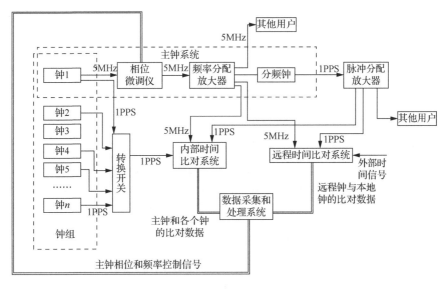

图 11.1　产生 UTC（NTSC）守时系统的组成

3）内部时间比对系统

由时间信号选择器等转换开关轮流把各个钟的 1PPS 信号送到时间间隔计数器作为关门信号，脉冲分配放大器输出 UTC（NTSC）的 1PPS 信号作为时间间隔计数器的开门信号。时间间隔计数器输出 UTC（NTSC）与每个钟的比对数据 UTC（NTSC）-Clock（i）。同样，也可以采用其他时间间隔测量设备进行测量。

4）远程时间比对系统

远程时间传递设备，如高精度 GPS 共视时间比对接收机，用实验室 UTC（NTSC）的 1PPS 及其 5MHz 或 10MHz 的频率信号作为接收机的输入信号。接收机输出 UTC（NTSC）和 GPST 时之差，以 CGGTTS 格式的文件存储在接收机所用的计算机硬盘中。远程时间比对系统也可以是卫星双向时间频率传递系统。一般在采用 TWSTFT 系统的时间实验室还配备 GPS 共视时间比对接收机，两者同时运行，后者作为备用系统。远程时间比对系统在守时工作中的一个作用是通过国际时间比对，使本实验室的钟资源为国际原子时作贡献，同时通过这种合作可以从 BIPM 获得 UTC-UTC（NTSC）的数据；远程时间比对的另一个作用是可以利用一个国家或地区内不在同一地点的尽可能多的原子钟资源，形成一个数量较大的钟组，产生一个具有高稳定度的、独立的自由原子时系统；远程时间比对还可以将本实验室产生的标准时间溯源到某个远程标准时间，或者通过远程时间比对使远程的标准时间信号发播电台的时间溯源到本地实验室产生的标准时间。

5）数据采集和处理系统

该系统由工业控制计算机、计算机以及专用的控制软件和数据处理软件组成。

系统控制计算机及其软件用于控制 UTC（NTSC）与每个钟的轮流比对，或者钟与钟之间的轮流比对，并对 UTC（NTSC）的频率进行驾驭。数据采集和处理的专用软件功能包括：采集数据并存放于专用数据库、判断每台原子钟的相位时间和频率是否异常；用预定的最佳算法计算地方原子时 TA（NTSC）。算法的基本原理如式（11.2）所示。把 UTC（NTSC）与每个钟的比对数据 UTC（NTSC）- Clock（i）加权平均，计算出 UTC（NTSC）- TA（NTSC）。不同算法实质上的差异在于噪声处理方法和权系统确定方法。

$$\mathrm{UTC(NTSC)} - \mathrm{TA(NTSC)} = \frac{\sum_{i=1}^{n} w_i[\mathrm{UTC(NTSC)} - \mathrm{Clock}(i)]}{\sum_{i=1}^{n} w_i} \tag{11.2}$$

式中，w_i 为给每个钟分配的权重。

实际上，TA（NTSC）即所有参加计算的原子钟的相位时间加权平均值。原则上，TA（NTSC）的频率稳定度优于钟组中任一原子钟的频率稳定度。

主钟系统中的相位微调仪在标准时间 UTC（NTSC）的产生和保持中起着非常重要的作用。主钟系统的频率源仅仅是一台原子钟，它相对于 UTC 或 TAI 有频率偏差，该频率偏差不是一个常数。一般把 y 分成两项，一项是初始频率偏差 y_0，另一项是频率偏差变化量 Δy，$y = y_0 + \Delta y$。时间实验室根据式（11.2）计算结果，以 TA（NTSC）作为参考，用软件分析 UTC（NTSC）的频率变化，并向相位微调仪输出频率补偿信息，由它对 UTC（NTSC）的频率进行微小补偿；同时，根据 BIPM 每月发表的 T 公报中 UTC-UTC（NTSC）和 TAI-TA（NTSC）的数据，调整上述软件的工作参数，以使 UTC（NTSC）尽可能接近 UTC。实验室在有基准频标的条件下，用基准频标的标准频率作为参考，分析 UTC（k）的频率偏差及变化，并用相位微调仪进行频率补偿，从而实现完全独立自主产生 UTC（k）的目的。

11.1.2　UTC（USNO）的主钟系统

从 1930 年开始，美国海军天文台和国防部使用 USNO 产生和保持的协调世界时 UTC（USNO）。UTC（USNO）也是 UTC 的一个物理实现，从 1999 年开始，UTC（USNO）与 UTC 偏差的均方差保持在 15ns 以内，在世界上排名前列（Koppang et al.，1999a）。

1. UTC（USNO）及其主钟系统

基于多台铯原子钟和多台氢原子钟产生 UTC（USNO），通过语音、电话、罗兰 C 系统、网络时间协议、GPS、卫星双向时间传递等方式传递出去。

2. UTC（USNO）的主钟系统工作原理

美国海军天文台守时的基础是 69 台 HP5071 铯原子钟、4 台 CsIII-EP 铯原子钟和 24 台氢原子钟，这些原子钟分布在华盛顿的两栋建筑物内，备用主钟位于科罗拉多的美国空军基地。美国海军天文台用以产生时间尺度的原子钟分布于 19 个温控优于 0.1℃ 的室内，这些房间的相对湿度变化保持在 ±1%。

原子钟信号通过低温度系数的稳相电缆输出至测量系统，所有连接头都是 SMA。使用转换开关和计数器，1h 比对一次，获得 3 台主钟与每一台原子钟的钟差，并行存储在几台计算机中，每一台计算机可以计算一个时间尺度并控制主钟。铯原子钟钟差测量噪声的标准差大约是 25ps，这个量小于铯原子钟每小时的时间波动量。这是因为氢原子钟每小时只波动 5ps，使用测量噪声是 2ps 的测量系统，20s 比对一次。所有钟的数据、时间比对数据等都存储在计算机上。

在对平均数据形成时间尺度以前，对钟数据进行实时的预处理，分析时间和频率的变化趋势并从钟的数据中减去，使用这种方法计算出无趋势的铯原子钟平均时间和氢原子钟平均时间。氢原子钟平均时间代表短期最精确的时间，去掉趋势是为了保证几个月数据的平均能获得与铯原子钟平均时间一样的性能。A1 是美国海军天文台产生的一个中间时间尺度，采用计算时间间隔内阿伦偏差的倒数进行加权平均。A1 和氢原子钟平均时间均可以从网站上得到。

通过频率驾驭，将 A1 时间尺度驾驭到 UTC，物理实现 UTC（USNO）。驾驭的策略是一种软驾驭，这种驾驭通过最小的控制代价获得期望目标。为了从物理信号上实现 UTC（USNO），将辅助输出产生器（auxiliary output generator, AOG）产生的 5MHz 信号分频产生秒脉冲。AOG 以氢原子钟的频率为参考，将 A1 驾驭到 UTC。在另外两座建筑物内，分别有一台与主钟相似的第二主钟和第三主钟，实时驾驭到主钟上。

系统的重要备份是美国海军天文台的备用主钟，备用主钟在科罗拉多的 GPS 主控站附近。备用主钟使用现代控制理论和卫星双向时间传递与主钟保持同步，两者的偏差通常小于 1ns。备用主钟包含的 3 台氢原子钟和 12 台铯原子钟并没有加入华盛顿 A1 的时间尺度计算中，但随着载波相位的卫星双向时间传递和 GPS 比对技术的完善，会逐步加入尺度计算。

自由运行的时间尺度 A1 是在性能较好的原子钟钟差平均的基础上获得，原子钟钟差使用历史钟差数据减去趋势项获得。2000 年以后，对性能较好的定义进行了扩展，增加了原子钟数目。美国海军天文台极力发展组合氢原子钟短期稳定度和铯原子钟长期稳定度的算法，计算准确度最接近 TAI 的时间尺度。对主钟 1h 调整一次，接近基于氢原子钟的时间尺度，这个时间尺度驾驭到基于铯原子钟的时间尺度，基于铯原子钟的时间尺度使用 T 公报的数据驾驭到 UTC。

　　常见的故障是温控室失效，为了减少这种波动，美国海军天文台专门安排了喷泉钟的钟房。这个钟房有冗余的温度控制系统，即使在空调系统维修期间，也能使房间温度变化保持在 ±0.1℃，相对湿度保持在 ±3%。整个房间的振动是隔离的。

　　华盛顿的钟房采用几路电源并行供电，每一路都可以独立为主钟供电，并且各路电源之间自动切换，每一台原子钟都有独立的电池供电，以便在交流电故障期间维持系统运行。为增加系统的可靠性，定期对故障反应能力进行测试。

11.1.3　GPS 系统时间及其主钟系统

　　GPS 的系统时间 GPST，与原子时相同，是一种纸面时间尺度，根据 GPST 对主控站的主钟进行驾驭。主钟产生的时间并不是系统时间，是主控站时间和频率测量的参考时间（Occhi et al., 2000）。

1. GPST 及其主钟系统

　　GPST 是一种由 GPS 地面测控系统建立的时间尺度，它以美国海军天文台的协调世界时 UTC（USNO）为参考基准，为所有地面钟和卫星钟组成的组合钟时间。GPST 由所有地面站的钟和卫星钟组成的组合钟给出，通过主控站运行卡尔曼滤波算法，对 GPS 系统内部钟组进行不等权平均，计算出 GPST。主控站的主钟溯源到 USNO 的主钟，通过 UTC（USNO）的主钟溯源到 UTC，并用一套自校准闭环系统使各个卫星的星载钟与 GPS 主钟之间精密同步。

　　GPST 是一个连续的时间尺度，不作闰秒调整，其时间起点定义为 1980 年 1 月 6 日 0 时，在这一时刻 GPST 与 UTC（USNO）重合。UTC（USNO）和 GPST 的关系如图 11.2 所示。

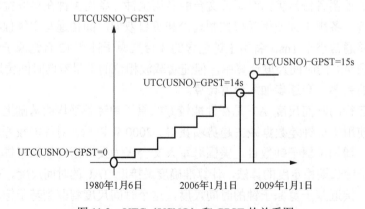

图 11.2　UTC（USNO）和 GPST 的关系图

GPST 中的历元是从星期六到星期日过渡的午夜起所经过的秒数和 GPS 星期数来辨别的。GPS 星期数是依序编号的，以 1980 年 1 月 6 日 0 时作为第 0 星期的开始。

2. GPST 的建立过程

GPST 的建立过程如图 11.3 所示。每颗 GPS 卫星上都装有星载原子钟，各监测站和地面主控站也都配置高性能原子钟。地面主控站上的主钟依据 USNO 的主钟实时校准，并用一套自校准闭环系统使各个卫星的星载钟与 GPS 主钟之间精密同步。

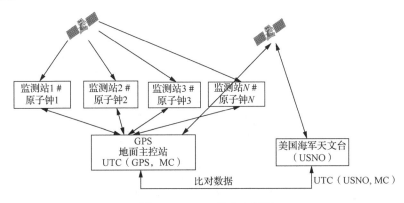

图 11.3　GPST 的建立过程

每颗卫星上的原子钟与 GPS 主钟之间的偏差可根据历史数据进行预测并加以修正，维持卫星时间的精密同步。当卫星上的钟运行状态发生变化时，可以在它飞越监测站上空时监测出来。监测站以本站的原子钟为参考基准，接收卫星发来的信号，观察卫星的实际位置与预测位置的偏差，并测量出时间差，同时推算出与时间有关的卫星位置以及传播延迟等延迟误差。监测站把所测量到的数据和推算出的结果通过通信网络传输到地面主控站，主控站又以 GPS 主钟为参考对各监测站的数据和结果进行分析和处理，推算出新的数据，并对某颗 GPS 卫星所要完成的动作发出指令。这些新的数据和指令被输送到注入站，把这些数据和指令存储起来，在适当的时候发送这些数据和指令到要加注的卫星上去。

卫星接收到新数据和指令后同样要做两项工作，一是把新的数据和指令记入存储器；二是按照新指令的要求工作，把新的数据及各修正参数发送给用户，直到下一次加注站加注新的数据和指令时，卫星存储器再次更新，工作状态也开始执行新的指令。以此循环下去。对卫星的监测加注每天至少要进行一次。通过这样的加注来补偿卫星原子钟与系统时间偏差的变化，使卫星原子钟与 GPS 主钟之间保持精密同步。

GPS 系统时间溯源原理如图 11.4 所示。通过在美国海军天文台放置 GPS 定时接收机接收 GPS 空中信号来监测 GPS 的时间偏差，从这些数据当中，估计 UTC(USNO)–GPST 偏差模型参数。将参数发送至 GPS 主控站，由主控站发往卫星进行广播。

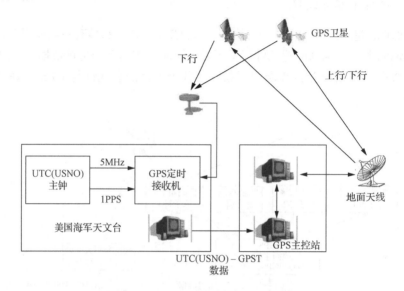

图 11.4　GPS 系统时间溯源原理图

11.1.4　GALILEO 系统时间及其主钟系统

1. GST 及其主钟系统

GALILEO 系统时间（GALILEO system time, GST）是一种实时的原子时尺度，由主钟系统实时产生，主钟输出的时间就是 GST。GST 驾驭到国际原子时 TAI，GST 相对于 TAI 的频率稳定度优于 $4.3×10^{-15}$（24h），与 TAI 时刻偏差小于 28ns，它和 TAI 的估计偏差将在 GALILEO 导航信息中广播。

2. GST 的主钟系统工作原理

GALILEO 卫星导航系统采用主钟控制的方法产生系统时间，GALILEO 主钟系统的工作原理如图 11.5 所示。

GALILEO 主控站装备 2 台主动型氢原子钟和 4 台高性能的铯原子钟组成守时钟组。钟组综合了氢原子钟的高稳定度和铯原子钟的高准确度。GST 的主用主钟选择 1 台主动型氢原子钟的频率作为参考，主动型氢原子钟具有极高的短期稳定度，能保证 GST 优良的短期稳定度。氢原子钟的频率经原子钟输出辅助产生器

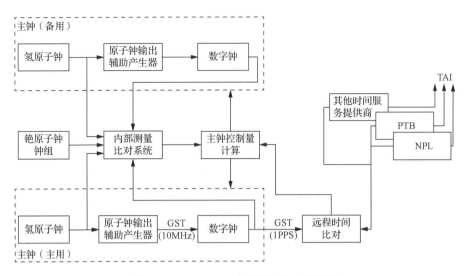

图 11.5　GALILEO 主钟系统的工作原理

调整后就是 GST 的频率，GST 的频率经数字钟分频后产生 GST。GST 的中期稳定度和长期稳定度是由本地铯原子钟组和时间服务提供者的数据来保障的。第 2 台氢原子钟是作为备用单元，它的输出信号驾驭到主钟。以这 2 台氢原子钟为参考，组成两个主钟系统，1 台作为主钟，1 台热备份，2 台主钟之间实时比对，以便实现无缝切换。4 台铯原子钟实时循环比对测量，输出 GST 自由时间，经与欧洲各个守时时间实验室的 UTC(k) 比对测量后，修正主钟输出时间，产生真正的 GST。各个监测站的时间通过网络，以 GST 为参考实现同步。

通过远程时间传递功能，实现 GST 主钟（master clock, MC）和几个欧洲守时实验室的主钟、第二个精密定时装置之间的时间偏差测量，以及 GST（MC）与美国海军天文台 UTC（USNO）之间的时间偏差测量，同时测量 GST 与 GPST 的时间偏差。

欧洲几个守时实验室作为时间服务的提供者，GST 通过与这些实验室保持的地方协调世界时进行比对，获得 GST 与 UTC 的偏差，作为驾驭主钟的依据。如果与时间服务断开联系，则根据铯原子钟钟组的时间对主钟进行调整。

德国联邦物理技术研究院（Physikalisch-Technische Bundesanstalt, PTB）主要通过同步通信卫星，负责组织各个实验室间的卫星双向时间频率传递。英国国家物理实验室（National Physical Laboratory, NPL）负责监测和计算 GST 和 GPST 的偏差，并通过 GALILEO 系统广播给用户。

11.2　美国海军天文台的主钟驾驭方法

海军天文台所有钟的驾驭策略都是使驾驭后的钟短期稳定度恶化控制到最小，并最大限度地从长期稳定度中获益。在 UTC（USNO）向 UTC 驾驭过程中，难点是 30d 归算间隔和滞后 15d 获得的偏差信息。本节介绍将美国海军天文台的时间驾驭到 UTC 的最小控制方法，说明驾驭 UTC（USNO）和美国海军天文台备用主钟系统的方法。

11.2.1　驾驭需考虑的内容

美国海军天文台产生美国标准时间，这就要求海军天文台的主钟系统准确、稳定和可靠。准确是依靠将 USNO 的主钟驾驭到 UTC 的时间和频率实现，稳定是通过限制对主钟的控制量实现，可靠则是通过将科罗拉多的备用主钟与海军天文台的主钟互备使用实现。下面说明将海军天文台主钟驾驭到一个中间时间尺度的方法。

USNO 主钟产生精确的美国标准时间，GPST 使用这个标准进行校准，它是世界上最精确的标准时间之一，主钟的驾驭方法是要求时间最准确，同时采用一些方法提高其稳定度。如果用户需要，可以根据用户的需求对主钟进行驾驭。

不同驾驭策略的主要区别在于如何处理频率稳定度和频率准确度，最理想的是根据用户的需要设计。大多数用户的需求是不清晰的，他们的需求很难量化。一般情况下，由于主钟小于 5d 的稳定度主要由氢原子钟所确定，不同的驾驭策略对大多数用户来说没有影响。主钟的控制使用对频率进行调整的"乒乓"算法，这对稳定度来说是最优的，GPST 的稳定度也不会被不同的主钟驾驭策略所影响。

主钟是经过驾驭的钟，它通过将氢原子钟驾驭到美国海军天文台保持的平均时间尺度——地方协调世界时来实现。这种驾驭使得主钟可以与其他国家和实验室的时间进行同步，进而从使用国际组织校准过的频率基准的长期稳定度中获益。然而，过度调整会降低主钟的短期稳定度，使得主钟对美国海军天文台钟组的短期稳定度不敏感，因此需要通过研究观测不同的驾驭策略分析对主钟和稳定度的影响（Matsakis，1999；Matsakis et al.，1999）。

11.2.2　海军天文台最小代价驾驭方法

海军天文台维持几个未驾驭的时间尺度，其中 A1 和自由运转氢原子钟时间尺度是主钟驾驭的参考。氢原子钟时间尺度通过扣除频率或速率后每个自由运转的钟数据平均得到。氢原子钟数据的处理通过自由运行的无频率偏差的铯原子钟钟组数据扣除漂移得到。A1 建立在铯原子钟和氢原子钟数据的动态加权基础上，与氢原子钟时间尺度相似。这里的动态加权是指一个时期内 A1 的频率是由钟的类型和过去一个历元内钟的数据计算的。17d 以内的 A1 频率由铯原子钟和氢原子钟时差数据等权平均得到。大于 17d 小于 60d 的 A1 频率由氢原子钟和铯原子钟时差数据平均得到。大于 60d 的任何历元的 A1 频率由铯原子钟计算得到。加入铯原子钟的目的是增强 A1 的可靠性，但海军天文台还在评估使用软件对氢原子钟时间尺度进行补偿后能否与 A1 一样可靠。

采用自由运转的原子钟钟组作为基础，计算出一个时间尺度，将这个时间尺度驾驭到 UTC，作为主钟驾驭的参考。这个过程中需要解决的主要问题是 UTC 滞后，UTC 每个月计算一次，在下个月中旬才由 BIPM 发布上个月的数据。鉴于校准所需要的信息最长有一个半月的滞后，只能在一段时间内使用最小的控制量去调整主钟的频率偏差和相位差，这样的调整方式称为软驾驭。不同的软驾驭方式对主钟稳定度的影响不同。

另外一个重要的技术是利用最新公布的 UTC 与氢原子钟时间尺度的偏差来外推当前的值。研究发现，45d 线性预测和 120d 的二次预测精度较高，当相位白噪声为时间传递过程中的主要噪声时，通过对各个点取等权的方法，预测精度是最优的。GPS 共视法就是具有这种噪声的时间传递方式。在频率白噪声为主的时间传递方式中，使用最后一点加上过去 50d 的预测方式效果较好。在实际预测过程中，发现 45d 线性预测和 50d 铯原子钟预测的效果并不一样，但最后还是选定 50d 的模型来定量完成预测工作，上面说的两种模型预测效果和这个模型的预测效果近似。国际计量局采用卫星双向时间传递和共视作为时间传递的手段，综合使用各种模型，可以提高预测能力。

11.2.3　将主钟驾驭到时间频率参考的方法

为了驾驭主钟，必须有一个 UTC 的物理实现。这是因为主钟是将一个时间频率参考驾驭到 UTC，它也是 UTC 的一个物理实现，在美国海军天文台为 UTC（USNO）。通常，美国海军天文台的驾驭方法是通过控制增益函数来使相位波动、频率波动和控制量的总和最小化。增益函数是一个由包含频率和相位的状态向量驱动，反映由频率调整引起变化的函数。在一定条件下，使用线性二次型高斯法计算最优的增益函数。

对于主钟的控制，设定 3×10^{-8} 的相位增益和 0.015 的频率增益，这个量可以在 6d 内消除一半的时间跳变，在 1.6d 内消除一半的频率阶跃。

1. 主钟驾驭的历史

在 1999 年 8 月（MJD51380）以前，主钟调整是通过在标准时间上加整个月内固定的相位和频率实现，使在整个月内时间与 UTC 的时间偏差和频率偏差接近于零，氢原子钟相位调整使用 45d 的时间常数（MJD51380 以前的调整策略中，时间常数使用的是 50d）和 1 的频率增益。换句话说，主钟的频率将调整为完全等于 UTC 的频率，再加上 30d 将相位调整到约 70%（MJD51050 以前的调整策略中，相位调整到 54%）的频率调整。从 MJD51414 开始，对主钟的驾驭采用软驾驭的方法，每 5d 驾驭一次频率，这样，主钟的效果是接近标准时间并且在5d 的周期内与海军天文台的钟组保持一致。在 6 次调整区间（30d）内，使用这种方法能最大限度地消除 UTC（USNO）与 UTC 的偏差。在 2000 年 1 月，临时采用了一种较为剧烈的驾驭方法，采用几个月的数据估计调整量，只去除了与UTC 偏差的一半。1997 年开始，就维持一种方法，除非是对设备故障的整体改正，每天对标准时间的相位调整不超过 300ps，每天对主钟的调整不超过 150ps。

　　主钟的时间频率特性如图 11.6 所示。图 11.6（a）是 UTC 与 UTC（USNO）的时差变化，其中，相位准确度较高的是剧烈调整时期（51050～51560）。图 11.6（b）是 UTC 与 UTC（USNO）每月频率波动的变化。频率波动变大的原因是剧烈驾驭方法中需要尽量减小 UTC 与 UTC（USNO）的偏差。如果采用 5d 间隔的调整策略，在小于 5d 的时间内，主钟稳定度将不受影响，图中的毛刺是主钟硬件所处环境温度控制器件故障所致。

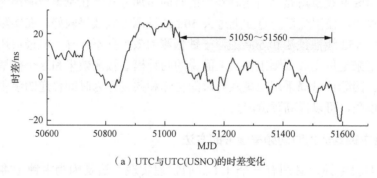

（a）UTC与UTC(USNO)的时差变化

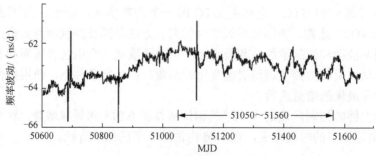

（b）UTC与UTC(USNO)每月频率波动的变化

图 11.6　主钟的时间频率特性

2. 最小化控制方法

最小化控制方法目的在于用软驾驭方式驾驭美国海军天文台产生的时间。美国海军天文台将主钟驾驭到 BIPM 发布的 UTC 的方法如图 11.7 所示。每个月的数据由 BIPM 在下个月 15 日公布，在这个非因果系统中，需要用过去 15d 的数据预测现在时间偏差和频率偏差。这个预测是通过对过去 50d 公布的时间偏差数据进行一个线性拟合来完成的。在预测频率偏差后，可以根据最小化控制策略确定一系列频率驾驭量（Koppang et al.，1999b；Breakiron，1992）。

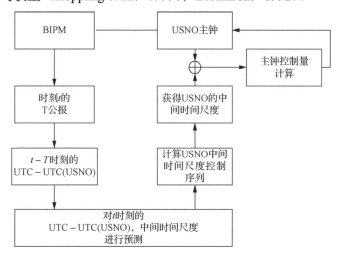

图 11.7　美国海军天文台将主钟驾驭到 BIPM 发布的 UTC 的方法

线性无噪声状态向量的一般形式为

$$X(k+1) = \Phi X(k) + Bu(k) \tag{11.3}$$

式中，Φ 为转移矩阵；$X(k)$ 为状态向量；B 为系数矩阵；$u(k)$ 为控制向量。这个状态向量代表了一个理想、无噪声、由离散频率 $u(k)$ 驾驭的频率标准：

$$\begin{bmatrix} x(k+1) \\ y(k+1) \end{bmatrix} = \begin{bmatrix} 1 & \tau \\ 0 & 1 \end{bmatrix} \begin{bmatrix} x(k) \\ y(k) \end{bmatrix} + \begin{bmatrix} \tau \\ 1 \end{bmatrix} u(k) \tag{11.4}$$

式中，x 和 y 分别为被驾驭的主钟相对于参考的时间偏差和相对频率偏差；τ 为两次测量之间的时间间隔。

控制能量 E 定义为

$$E = \frac{1}{2} \sum_{k=0}^{N-1} u^2(k) \tag{11.5}$$

需要用控制能量驱动状态值 x 和 y，在 N 步后到达 0。在 N 个采样周期之后，状态向量 X 可以表示为

$$X(N) = \Phi^N X(0) + \Phi^{N-1} Bu(0) + \Phi^{N-2} Bu(1) + \cdots + \Phi Bu(N-2) + Bu(N-1) \tag{11.6}$$

在等式过程中，设置 $X(N) = 0$，并且解 $X(0)$ 得出：

$$X(0) = -FU \tag{11.7}$$

式中，$F = \begin{bmatrix} \Phi^{-1}B \vdots \Phi^{-2}B \vdots \cdots \vdots \Phi^{-N}B \end{bmatrix}$ 和 $U = \begin{bmatrix} u(0) \\ u(1) \\ \vdots \\ u(N-1) \end{bmatrix}$

最小控制代价 U 的解可以由式（11.8）得到：

$$U = F^{+}(FF^{+})^{-1}X(0) \tag{11.8}$$

式中，+为共轭转置。

将此应用于主钟的模型，根据式（11.4）可得：

$$\Phi^{-N}B = \begin{bmatrix} -(N-1)\tau \\ 1 \end{bmatrix} \tag{11.9}$$

则

$$F = \begin{bmatrix} 0 & -\tau & -2\tau & \cdots & -(N-1)\tau \\ 1 & 1 & 1 & \cdots & 1 \end{bmatrix} \tag{11.10}$$

由最小代价方法确定 u 的解为

$$u = -\frac{6}{N(N+1)} \begin{bmatrix} \dfrac{1}{\tau} & \dfrac{1}{3}(2N-1) \\ \dfrac{1}{\tau}(1-2\dfrac{1}{N-1}) & -1+\dfrac{1}{3}(2N-1) \\ \dfrac{1}{\tau}(1-2\dfrac{2}{N-1}) & -2+\dfrac{1}{3}(2N-1) \\ \vdots & \vdots \\ -\dfrac{1}{\tau} & -(N-1)+\dfrac{1}{3}(2N-1) \end{bmatrix} \begin{bmatrix} x(0) \\ y(0) \end{bmatrix} \tag{11.11}$$

U 的矩阵元素为

$$u_{ij} = -\frac{6}{N(N+1)} \left\{ \frac{1}{\tau}\left[1-\frac{2(i-1)}{N-1}\right]x(0)\delta_{1j} + \left[(1-i)+\frac{1}{3}(2N-1)\right]y(0)\delta_{2j} \right\} \tag{11.12}$$

式中，i、j 取值范围为 $1 \sim N$；δ_{ij} 为冲激函数。

驾驭量也可以表示为线性形式：

$$u(k) = -\frac{6x(0)+4(N-1)y(0)\tau}{N(N-1)\tau} + \frac{6[2x(0)+y(0)(N-1)\tau]}{N(N^2-1)\tau}k \tag{11.13}$$

式中，$k = 1, 2, \cdots, N$。

最小控制策略的仿真如图 11.8 所示。一个月内对时间偏差为 5ns、相对频率偏差为 3×10^{-15} 的频率源在几种不同控制间隔的驾驭量，这种驾驭技术预先确定驾驭量的优点是能预先确定控制引起的干扰，如果控制引起的干扰足够小，频率源的时间偏差和频率偏差就会按照预定的目标去除。

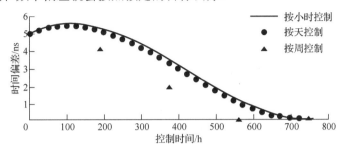

图 11.8　最小控制策略的仿真

为了确定驾驭量引起的干扰，每小时控制一次的阿伦偏差如图 11.9 所示。可见，驾驭量引起的干扰在 1×10^{-15} 以下。

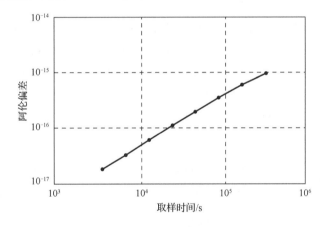

图 11.9　每小时控制一次的阿伦偏差

3. 中间时间尺度

中间时间尺度是为了生成一个自动的、稳健的远程时间系统，如果需要，这个时间系统可以变成实际的远程主钟的参考信号。中间时间尺度的驾驭方法如图 11.10 所示。

中间时间尺度是根据远程站点的参考主钟计算出的纸面时间尺度。将中间时间尺度驾驭到作为标准的参考主钟，再将远程主钟驾驭到中间时间尺度，通过中间时间尺度的缓冲可以获得远程主钟的高可靠。如果远程主钟与参考主钟之间的连接暂时中断，不会影响系统的工作。这个系统的无噪声状态向量可以表示为

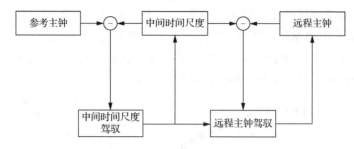

图 11.10　中间时间尺度的驾驭方法

$$\begin{bmatrix} x_r(k+1) \\ y_r(k+1) \\ x_m(k+1) \\ y_m(k+1) \end{bmatrix} = \begin{bmatrix} 1 & \tau & 0 & 0 \\ 0 & 1 & 0 & 0 \\ 0 & 0 & 1 & \tau \\ 0 & 0 & 0 & 1 \end{bmatrix} \begin{bmatrix} x_r(k) \\ y_r(k) \\ x_m(k) \\ y_m(k) \end{bmatrix} + \begin{bmatrix} -\tau & \tau \\ -1 & 1 \\ 0 & -\tau \\ 0 & -1 \end{bmatrix} \begin{bmatrix} u_r(k) \\ u_m(k) \end{bmatrix} \qquad (11.14)$$

式中，x_r 和 y_r 分别为中间时间尺度和远程待驾驭钟的时差和频率偏差；x_m 和 y_m 分别为主钟和中间时间尺度的时差和频率偏差。

　　备用系统最初使用的是在美国华盛顿海军天文台的另一栋楼的自主主钟备用系统，包括几台氢原子钟和铯原子频率基准，根据这些原子钟的数据计算中间时间尺度，中间时间尺度驾驭到主钟。1 台氢原子钟作为远程主钟输出辅助产生器的频率参考，驾驭到中间时间尺度。使用 2 个独立的卡尔曼滤波器计算两个状态向量的时间差和频率差数据。

　　增益控制矩阵：

$$G = -\begin{bmatrix} 9.75 \times 10^{-9} & 8.37 \times 10^{-3} & 2.03 \times 10^{-9} & 7.52 \times 10^{-3} \\ -2.00 \times 10^{-9} & -8.59 \times 10^{-4} & 9.63 \times 10^{-9} & 3.15 \times 10^{-2} \end{bmatrix} \qquad (11.15)$$

根据线性二次方程解出代价函数：

$$W_R = 10^{12} \begin{bmatrix} 1 & 0 \\ 0 & 1 \end{bmatrix} \qquad (11.16)$$

$$W_Q = \begin{bmatrix} 10^{-4} & 0 & 0 & 0 \\ 0 & 10^{6} & 0 & 0 \\ 0 & 0 & 10^{-4} & 0 \\ 0 & 0 & 0 & 10^{9} \end{bmatrix} \qquad (11.17)$$

控制矢量由线性矩阵 $U = -G\hat{X}$ 确定，这里 $\hat{X}$ 为状态估计。

美国海军天文台输出辅助产生器与主钟和中间时间尺度的时差如图 11.11 所示。人为在中间时间尺度上增加阶跃，从图 11.11 中可以看出，主钟的输出没有跳变，可见系统的可靠性。

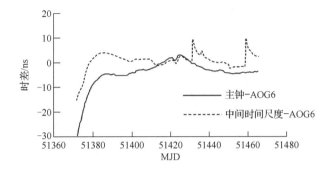

图 11.11　美国海军天文台输出辅助产生器与主钟和中间时间尺度的时差

美国海军天文台主钟与 AOG6 的阿伦偏差如图 11.12 所示。结果表明，主钟经驾驭后，频率稳定度没有恶化，仍与氢原子钟的性能相近。

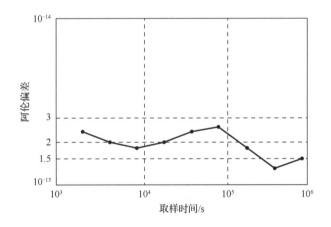

图 11.12　海军天文台主钟与 AOG6 的阿伦偏差

美国海军天文台对主钟的驾驭策略是在 30d 的长周期内使用剧烈驾驭方式，而在小于 10d 的短周期内使用软驾驭的方式，充分利用海军天文台氢原子钟的准确性。预先确定控制序列，在预定时间将主钟的时间偏差和频率偏差驾驭到零。该方法特别适用于将频率标准和时间尺度驾驭到 BIPM 发布的 UTC 上。通过设置中间时间尺度，增加远程主钟系统的可靠性，满足对远程备用主钟系统的要求。

参 考 文 献

BREAKIRON L A, 1992. Timescale algorithms combining cesium clocks and hydrogen masers[C]. Proceedings of the 23th Annual Precise Time and Time Interval(PTTI) Applications and Planning Meeting, Pasadena, California, USA: 297-305.

KOPPANG P, LELAND R, 1999a. Linear quadratic stochastic control of atomic hydrogen masers[J]. IEEE Transactions on Ultrasonics Ferroelectrics and Frequency Control, 46: 517-522.

KOPPANG P, MATSAKIS D, 1999b. New steering strategies for the USNO master clocks[C]. Proceedings of the 31st Annual Precise Time and Time Interval(PTTI) Systems and Planning Meeting, Dana Point, USA: 277-284.

MATSAKIS M, 1999. Recent and pending improvements at the U. S. Naval Observatory[C]. Proceedings of the 31st Annual Precise Time and Time Interval(PTTI) Systems and Applications Meeting, Dana Point, USA: 257-265.

MATSAKIS D, BREAKIRON L A, 1999. Post processed timescales at the U. S. Naval Observatory[C]. Proceedings of the Precise Time and Time Interval(PTTI) Systems and Applications Meeting, Reston, USA: 19-32.

OCCHI T, HUTSELL S T, 2000. Feedback from GPS timing users: Relayed observations from 2SOPS[C]. Proceedings of the 31st Annual Precise Time and Time Interval(PTTI) Systems and Applications Meeting, Dana Point, USA: 29-41.

第12章　导航卫星参考时间和频率信号的产生方法

高精度时间和频率信号是卫星导航功能实现的基础，一般导航卫星配备多台原子钟，采用主备的方式产生星上的参考时间和参考频率。本章主要将导航卫星参考时间和频率信号的产生方法分为生成方法与控制方法两部分介绍。在对导航卫星参考时间和频率信号生成方法进行分析的基础上，总结星上时间和频率控制系统结构，分析几种状态下的星上参考时间和频率的控制方法。

12.1　星载原子钟与星上参考时间和频率

导航卫星时频生成与保持系统以导航卫星星载原子钟的输出频率为参考，为有效载荷提供精确、高可靠、稳定并且连续的 10.23MHz 参考频率信号。

精确的导航主要依赖于精确时间，在卫星导航系统中，精确位置的测量实际上是精确时间的测量。导航卫星有效载荷结构示意如图 12.1 所示，时频生成与保持系统为有效载荷提供时间和频率参考，是系统的核心。精确的时间来自于精确的时频参考信号，高精度卫星时频参考信号是卫星导航系统实现导航定位、授时和测速的基础（Allan，1998）。

为了保证卫星导航系统导航定位、授时和测速的精度，一般在导航卫星上搭载星载原子钟作为星上有效载荷的频率参考源。导航卫星时频参考信号的频率为 10.23MHz，而通常情况下星载原子钟的输出信号频率却是 10MHz，因此并不能直接将星载原子钟的输出频率信号作为卫星时频参考信号，必须采用一定的技术手段以星载原子钟的输出为参考产生导航卫星有效载荷所需的高准确度的 10.23MHz 频率信号（Allan et al.，1982）。

导航卫星所处的特殊空间环境及其功能决定了其时频生成和保持系统必须具有很高的可靠性。为了提高系统的可靠性，必须采用冗余备份的方法，通过主备两条链路产生频率信号，在主用链路输出信号性能下降或故障等特殊情况下，切换备用链路输出时频参考信号，保持导航卫星有效载荷工作的连续性。

此外，在时频参考信号的主备切换过程中，为了不影响导航卫星有效载荷的功能，必须在较短的时间内完成切换，并保证卫星时频参考信号在切换前后的频率保持一致，相位不发生跳变，实现较为平稳的切换过程。

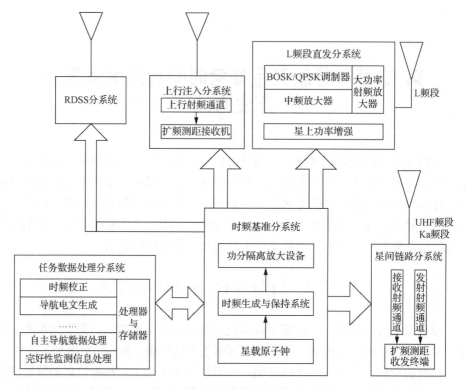

图 12.1　导航卫星有效载荷结构示意图

　　为了保证卫星时频参考信号主备切换的平稳性，需要对主备链路输出信号之间的相位差进行精密测量，并根据测量结果对备用链路输出的频率信号进行精密控制，使之与主用链路的输出信号保持一致。

12.2　导航卫星参考时间和频率信号生成方法

　　稳定可靠的时间是导航系统正常工作的基础，为了保障导航卫星时频参考信号的稳定可靠，一般导航卫星配备 3～4 台原子钟，使用主备冗余的方法产生星上参考时间和参考频率。本节分别介绍 GPS、GALILEO、GLONASS 三个时频生成与保持系统。

12.2.1　GPS 的时频生成与保持系统

　　GPS 是世界上应用最广泛、功能最稳定的全球卫星导航定位系统，也是开展相关领域研究工作较早的系统。目前，GPS 在轨卫星主要包括 GPS BLOCK IIA、GPS BLOCK IIR 和 GPS BLOCK IIF 卫星，其中又以 GPS BLOCK IIR 导航卫星最具有代表性（Vannicola et al.，2010；Allan et al.，1990a,1983）。

在 GPS BLOCK IIR 卫星的有效载荷中,卫星时频生成与保持系统被称为时间基准装置（time standard assembly，TSA），它的主要功能是以卫星有效载荷的星载原子钟为参考，产生系统所需的高精度频率信号和时间信号。它输出时频参考信号频率为 10.23MHz，频率调整精度为 1μHz，频率调整范围为 10Hz，相位测量精度为 1.67ns，星载原子钟采用一热一冷的冗余备份方式（Beard et al.，2002）。

1. 基本工作原理

时间基准装置的基本工作原理是利用简单的数据环路连接两个频率源，其中一个作为系统参考频率源，另一个作为系统输出频率源，并保证系统输出频率源锁定在系统参考频率源上。在时间基准装置中，使用短期稳定度较高的压控晶体振荡器作为系统输出频率源，为卫星有效载荷提供时间频率信号；使用长期稳定度高的星载原子钟作为系统参考频率源，为时间基准装置提供参考频率信号。时间基准装置可以使用任何满足要求的原子钟作为参考频率源，包括铷原子钟、铯原子钟和氢原子钟等。

时间基准装置系统的基本工作原理如图 12.2 所示。时间基准装置采用卫星星载铷原子钟作为系统参考频率源，采用高稳压控晶体振荡器作为系统输出频率源，该振荡器的频率标称值为 10.23MHz，并可在 10Hz 范围内以 1μHz 的精度进行调整，从而降低原子钟老化所带来的影响。

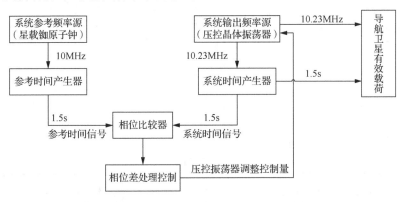

图 12.2　时间基准装置系统的基本工作原理图

系统参考频率源和输出频率源的输出频率信号分别被参考时间产生器和系统时间产生器分频，产生 1.5s 的周期信号，作为参考时间信号和系统时间信号。通过相位比较器对参考时间信号和系统时间信号比相，得到系统参考频率源和输出频率源输出信号的相位差，该相位差同时包含了星载铷原子钟和压控晶体振荡器输出信号的相位差。

相位差处理控制部分以相位差比较器测得的相位差为基础，根据相应的算法和数学模型计算压控晶体振荡器调整控制量，并通过数模转换器将该信号转换为压控晶体振荡器调整电压作用于系统输出频率源，在补偿过压控晶体振荡器的非线性的情况下，改变压控晶体振荡器的输出频率对压控晶体振荡器的输出信号进行调整，从而保证系统输出频率源锁定在系统参考频率源上。

此时，系统参考频率源输出的 10.23MHz 频率信号和系统时间产生器生成的周期 1.5s 的时间信号就作为时间基准装置系统的输出，送到导航卫星有效载荷的其他各个部分。

从 GPS 时间基准装置的基本工作原理可以知道，该系统受数据环路设计的影响较大，系统输出频率源的调整量是由相位差处理控制软件根据测量得到的两个频率源之间的相位差计算出的数字量，并需要将该数字量通过数模转换器转换为模拟量后，对压控晶体振荡器的输出进行控制。因此，相位差处理控制部分算法和数学模型的准确程度直接影响系统整体性能（Allan et al.，1988）。

2. 基本组成结构

时间基准装置系统基本组成结构示意如图 12.3 所示。为了保证系统的稳定度和可靠性，使用了 3 台星载原子钟。在任何时间有 2 台铷原子钟同时加电，分别作为主用和备用参考频率源。当主用铷原子钟发生故障后，系统可以自动切换到

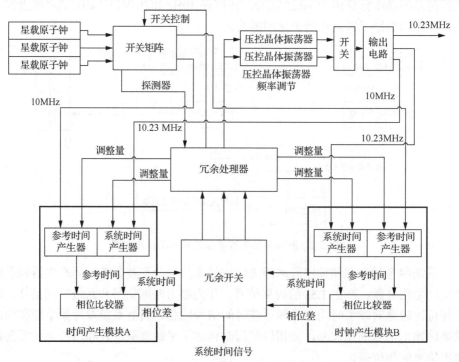

图 12.3　时间基准装置系统基本组成结构示意图

备用铷原子钟上。在主备钟切换过程中高稳压控晶体振荡器依然可以保持输出信号不变，并且主用信号和备用信号在切换之前也已经与压控晶体振荡器保持同步，整个切换过程并不会对卫星的导航效果带来影响。

时间基准装置采用了双备份的冗余设计方法，系统包括时间产生模块 A 和时间产生模块 B，每个模块分别包括参考时间产生器、系统时间产生器和相位比较器。时间产生模块 A 以主用星载铷原子钟为参考，产生主用参考时间信号，并与根据压控振荡器频率产生的系统时间信号进行对比，得出系统主用参考频率源和系统输出频率源输出信号之间的相位差。时间产生模块 B 以备用星载铷原子钟为参考，产生备用参考时间信号，并与系统时间信号进行对比，得出系统备用参考频率源和系统输出频率源输出信号之间的相位差。主用系统和备用系统时间信号经过冗余开关选择一路作为系统时间信号输出。

时间产生模块 A 和 B 测得的相位差通过冗余开关输出至冗余处理器，冗余处理器根据相应的算法和数学模型对测得的相位差数据进行处理，得到主用参考时间信号和备用参考时间信号之间的相位差，并根据处理得到的相位差对主备参考信号产生器进行调整，保证主用参考信号和备用参考信号的相位保持一致。同时，根据主用参考时间信号与系统时间信号之间的相位差计算压控晶体振荡器的调整量，并根据调整量对压控晶体振荡器进行调整，保证系统时间信号与主用参考信号的相位保持一致，从而将压控晶体振荡器锁定在主用铷原子钟上。压控晶体振荡器也采用双备份的冗余配置，压控晶体振荡器的输出即为时间基准装置系统的输出频率信号。

3. 主要特点分析

GPS BLOCK IIR 导航卫星的时间基准装置是目前使用较为广泛的导航卫星时频生成与保持系统，通过对其工作原理和基本结构进行分析和研究，可以归纳出该系统的主要特点：

（1）采用高精度的星载原子钟作为参考，产生高精度的基准频率信号和时间信号。

（2）将参考频率信号和输出频率信号分别转换为时间信号，测量信号之间的相位差，并根据测得的相位差对输出频率信号进行调整，从而保证输出频率信号锁定于参考频率信号。

（3）在结构上采用多备份的冗余配置方式，采用 3 台星载原子钟以及主用链路和备用链路，分别产生频率信号和时间信号，当主用信号出现故障时，可以迅速切换至备用信号，从而大大提高了系统的稳定度和可靠性。

12.2.2　GALILEO 的时频生成与保持系统

GALILEO 系统是欧盟自主研发的全球卫星导航定位系统，它是在现有技术的基础上结合近年来的先进技术建立起来的，采用了大量的新技术。经过多年的建设，目前 GALILEO 的卫星基本完成部署，已投入运行，提供高精度的定位、测速和授时服务。

GALILEO 系统在借鉴现有 GPS 导航卫星时频生成与保持技术的基础上，采用时钟监测与控制单元作为导航卫星时频产生与保持系统，以星载铷原子钟和星载氢原子钟为参考，合成导航卫星有效载荷所需的时间基准和频率基准。它的输出频率信号为 10.23MHz，频率调整精度为 0.056μHz，频率调整范围为 10Hz，时频基准信号相位测量精度为 24ps，星载原子钟采用"一热二冷"的方式进行冗余配置（Cordara et al.，2005）。

1. 基本工作原理

时钟监测与控制单元的基本工作原理与时间基准装置系统类似，利用锁相环路连接系统参考频率源和系统输出频率源，并保证系统输出频率源锁定在系统参考频率源上。在时钟监测与控制单元中，同样使用短期稳定度较高且可控的压控晶体振荡器作为系统输出频率源，为卫星有效载荷提供时间频率信号；使用长期稳定度高的星载原子钟作为系统参考频率源，为时钟监测与控制单元提供参考频率信号。时钟监测与控制单元可以使用任何满足系统参考频率信号要求的原子钟作为参考频率源，包括铷原子钟、铯原子钟和氢原子钟等。

时钟监测与控制单元的基本工作原理如图 12.4 所示。系统采用星载原子钟作为参考频率源，输出信号的频率为 10MHz；采用频率标称值为 10.23MHz 的高稳压控晶体振荡器作为系统输出频率源，它的输出信号的频率在一定范围内可以通过控制电压的变化进行调整，从而实现对输出频率信号的控制。

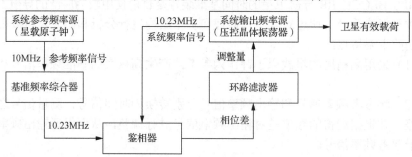

图 12.4　时钟监测与控制单元的基本工作原理

基准频率综合器以星载原子钟为参考源生成 10.23MHz 的系统输出频率信号，并通过鉴相器与系统参考频率源输出 10MHz 的系统频率信号进行鉴相，鉴相的结果同时包含基准频率综合器和压控晶体振荡器输出信号的相位差。相位差通过环路滤波器转换为压控晶体振荡器的控制电压，对其输出信号的频率进行调整，从

而实现将系统输出频率信号锁定于参考频率信号。此时，系统输出频率源输出的
10.23MHz 频率信号即为时钟监测与控制单元的输出信号，再输出至卫星有效载荷
的各个组成单元。

2. 基本组成结构

时钟监测与控制单元的基本组成结构如图 12.5 所示。采用冗余备份的方式，
配置 4 台星载原子钟，包括 2 台铷原子钟和 2 台氢原子钟，输出信号频率 10MHz。
4 台原子钟经过开关阵列选择两路输出至时钟监测与控制单元，作为系统参考频
率信号。

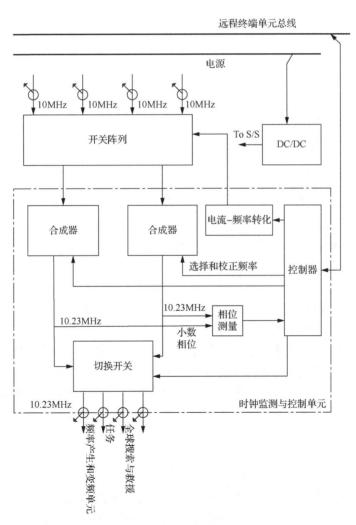

图 12.5　时钟监测与控制单元的基本组成结构

工作单元内部包括主用和备用两个频率信号产生链路，两个链路结构上相互对称，功能上也较为类似。每个链路包括基准频率综合器、鉴相器、环路滤波器和压控晶体振荡器。基准频率综合器以星载原子钟的输出频率信号为参考，综合产生系统所需 10.23MHz 的导航频率信号，将该信号与压控晶体振荡器输出的频率信号通过鉴相器进行鉴相，并将鉴相得到的相位差通过环路滤波器转换为压控晶体振荡器调整量，对晶体振荡器的输出频率信号进行调整，此时晶体振荡器的输出信号为主用频率信号。同样，备用链路以不同于主用链路的星载原子钟为参考，产生备用频率信号。

主用频率信号和备用频率信号同时输入到切换开关中，并选择主用频率信号输出。当主用频率信号出现异常或故障时，系统切换至备用频率信号作为时钟监测与控制单元的输出，以代替主用频率信号。为了在切换前后系统输出频率信号不发生较大的抖动和变化，需要主用频率信号和备用频率信号之间尽可能保持一致。系统采用相位差测量电路对主用和频率信号备用频率信号的相位差进行测量，并将测得的相位差通过控制器进行处理，转换为相应的压控晶体振荡器调整量，作用于备用链路的压控晶体振荡器，调节备用链路输出信号的频率，从而使主用频率信号和备用频率信号保持一致。

3. 主要特点分析

通过对 GALILEO 卫星时钟监测与控制单元的工作原理和基本结构进行分析和研究，可以归纳出该系统的主要特点：

（1）以高精度的星载原子钟作为参考，通过锁相环路将高稳压控晶体振荡器锁定于原子钟，以压控晶体振荡器的输出信号作为系统的输出频率信号。

（2）通过鉴相器测量参考的星载原子钟和压控晶体振荡器输出频率信号之间的相位差，并根据测得的相位差对输出频率信号进行调整，从而保证系统输出频率信号锁定于参考频率信号。

（3）在结构上使用多冗余备份的配置方式，采用 4 台星载原子钟，并将整体结构分为完全对称的工作单元和冷备份单元，每个单元内部还包括主用和备用两个链路来分别产生主用频率信号和备用频率信号。当主用频率信号出现故障时，可以迅速切换至备用频率信号；当工作单元故障时，可以切换到冷备份单元，尽可能提高系统的完好性和可靠性。

12.2.3 GLONASS 的时频生成与保持系统

GLONASS 是世界上可以覆盖全球的卫星导航定位系统之一，具有较高的导航、定位和授时精度。目前，GLONASS 在轨卫星主要包括 GLONASS 卫星、GLONASS-M 卫星和 GLONASS-K 卫星，其中又以 GLONASS 卫星最为常见。

在 GLONASS 导航卫星的有效载荷中，卫星时频生成与保持系统被称为星载时间频率基准（spaceborne time frequency standards，TFS），它的主要功能是以卫星有效载荷的星载原子钟为参考，产生系统所需的高精度频率信号和时间信号，并保证时间和频率信号的稳定度和可靠性（Allan et al.，1990a）。

1. 基本工作原理

GLONASS 星载时间频率基准采用锁相环路连接系统参考频率源和系统输出频率源，使系统输出频率信号锁定在参考频率源上。星载时间频率基准的基本工作原理如图 12.6 所示。系统采用星载铯原子钟作为系统参考频率源，它的输出频率信号是不可调的，输出信号的频率为 5MHz。系统采用的高稳压控晶体振荡器频率标称值为 5MHz，并在一定范围内对输出频率可调。

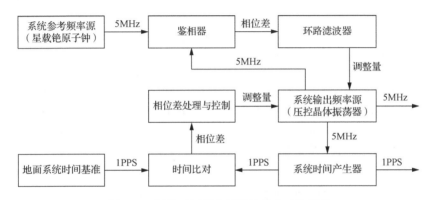

图 12.6　星载时间频率基准的基本工作原理

星载铯原子钟输出的频率信号与压控晶体振荡器输出的频率信号通过鉴相器进行鉴相，得到二者之间的相位差。相位差通过环路滤波器转换为压控晶体振荡器的调整量，并根据调整量对压控晶体振荡器进行调整，将压控晶体振荡器锁定于星载铯原子钟。压控晶体振荡器输出的频率信号经过系统时间产生器生成 1PPS 信号，并与地面系统时间基准的 1PPS 信号进行时间比对，得到两个脉冲信号之间的相位差，并通过相位差处理与控制，部分按照相应的算法和数学模型转换为压控晶体振荡器的调整量，调整压控晶体振荡器的输出信号，实现星上时间和地面系统时间的同步。

2. 基本组成结构

星载时间频率基准的基本组成结构如图 12.7 所示。系统采用 3 台星载原子钟冗余配置方式，3 台钟均为铯原子钟，其输出信号频率 5MHz。星载铯原子钟经过开关矩阵选择两路输出至星载时间频率基准，作为系统的参考频率信号。

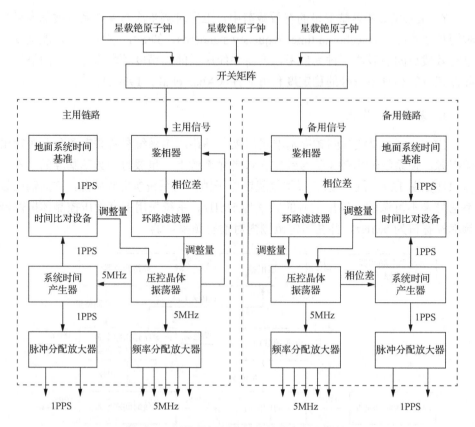

图 12.7　星载时间频率基准的基本组成结构

星载时间频率基准在结构设计上采用了主备链路的冗余设计方法，整个系统包括两个结构和功能完全相同的信号产生链路，分别为主用链路和备用链路。两条链路结构完全对称，输入和输出接口互相匹配，性能指标也较为一致。每个链路都包括鉴相器、环路滤波器、时间比对设备、脉冲分配放大器、频率分配放大器、系统时间产生器和压控晶体振荡器。

主用链路的压控晶体振荡器通过由鉴相器和环路滤波器等器件组成的锁相环路与星载铯原子钟相连，其输出频率信号锁定于铯原子钟的输出。压控晶体振荡器同时通过系统时间产生器产生 1PPS 秒脉冲信号与地面系统时间基准进行比对，并根据比对结果调整输出信号，此时主用链路的输出信号为主用频率信号和时间信号。备用链路以不同于主用链路的星载原子钟为参考，产生备用频率信号和时间信号。

时间信号通过脉冲分配放大器分别输出两路脉冲信号，频率信号通过频率分配放大器分别输出五路频率信号。正常工作状态下，主用时间信号输出作为卫星时间，主用频率信号输出作为卫星基准频率。在主用链路出现故障的情况下，切换备用链路信号输出，以提高星载时间频率基准的可靠性。

3. 主要特点分析

GLONASS 导航卫星是俄罗斯比较有代表性的导航卫星，对其星载时间频率基准的工作原理和基本结构进行分析和研究，总结出该系统的主要特点：

（1）以高精度的星载原子钟作为参考，并与地面系统时间进行比对，产生与地面系统时间同步的高精度时间和频率信号。

（2）将系统输出的频率信号转换为时间信号，并通过比对链路与地面系统时间基准进行比对，并根据比对链路对系统输出信号进行校正，从而保证卫星时间与地面系统时间的一致性。

（3）在结构上采用主备链路冗余配置的方式，采用 3 台星载铯原子钟，分别为主用链路和备用链路提供参考频率信号。主备用链路分别产生主用信号和备用信号，当主用链路出现故障时，切换至备用链路，有效提高了系统可靠性。

12.2.4　比较和分析

导航卫星时频生成与保持系统采用的具体实现方法具有各自的特点。通过对不同的实现方法进行比较，分析和比较各种方法共同点和差异，才能更深一步地理解相关系统的设计方法和理念。

GPS、GALILEO 和 GLONASS 都以星载原子钟为参考，产生高精度导航卫星有效载荷基准频率信号和时间信号，对输出信号进行精密控制，并在控制过程中保持输出信号的连续性和稳定度。

在结构上都采用了主用链路和备用链路的冗余配置方案，两条链路分别采用不同的参考频率源，从而保证主用信号和备用信号之间的相对独立性。两路信号通过切换开关选择输出，在系统故障或异常情况下切换备用链路输出作为系统输出信号，从而提高系统的可靠性。

但是在 GPS BLOCK ⅡR 卫星中主要采用的方法是测时的方法，星载原子钟和压控晶体振荡器之间相位差的测量，主备用链路之间相位差的测量都转换为了时间的测量，并根据测量结果直接调整时间信号。系统可以直接提供频率信号和时间信号。

在 GALILEO 卫星中，主要采用的是测量频率的方法，星载原子钟和压控晶体振荡器之间相位差的测量，以及主备用链路之间相位差的测量都采用测量频率的方法实现，并根据测量结果控制频率信号调整。系统先产生基准频率信号，再进一步产生时间信号。

通过分析可以看到，GPS 设计方案技术相对成熟但结构较为复杂，其输出信号的精度受控制算法和数学模型的影响较大，对有效载荷的处理能力具有较高的要求。GALILEO 设计方案结构较为简单，对有效载荷处理能力要求不高，容易实现数字化，相位测量精度高，符合星载时频生成与保持技术的发展方向。

12.3　导航卫星参考时间和频率信号的控制方法

与所有地面时间系统一样，随着时间变化，导航卫星参考时间和频率会偏离标准，这种漂移会逐渐增大，需要在适当时候，对导航卫星参考时频进行控制，保持导航卫星参考时频的准确性和稳定度。本节在抽象出导航卫星参考时间和参考频率控制系统的基础上，介绍导航卫星参考时间和频率的控制方法。

12.3.1　导航卫星时频控制系统的一般结构

导航卫星时频控制系统的一般结构如图 12.8 所示。导航卫星需要的频率信号为 10.23MHz，但原子钟输出频率为 10MHz，需要导航卫星参考时间频率产生部分将 10MHz 转化为 10.23MHz，为了保障导航卫星参考时间频率的稳定可靠，通常采用主备用链路信号，以星载原子钟输出的 10MHz 为参考，参考频率产生部分产生 10.23MHz，通过切换开关选择主用链路的频率输出。

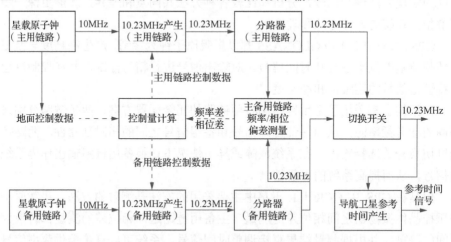

图 12.8　导航卫星时频控制系统的一般结构

为了保障切换前后信号的连续性，需要测量主备用链路的频率差和相位差，根据偏差数据计算备用链路的调整量，同时根据地面控制数据对主用链路和备用链路进行调整。

对导航卫星参考频率的控制在 10.23MHz 产生部分实现，要求不但能产生

10.23MHz 信号，而且还可以根据控制指令，对输出的 10.23MHz 的频率进行调整。

导航卫星参考时间信号一般根据输出的 10.23MHz 进行分频产生。

12.3.2　导航卫星时频控制系统的控制类型

导航卫星时频信号驱动数据来源有两个，首先是地面根据对导航卫星时间和频率的长期观测数据计算出的调整量，其次是导航卫星自主根据主备用链路的相位差和频率差计算出的调整量，两种调整量数据对主备用链路调整的作用不同。

1.　主备用链路切换前主用链路的控制

由于主用链路的输出频率是系统使用频率，对链路的任何调整都会降低系统的稳定度。因此，对于主用链路的控制原则是尽量不调整，即使调整，也采用最小控制策略，争取对系统的影响最小。

星载原子钟同任何其他原子钟相同，存在相位差和频率差，并且这个偏差随着时间会逐渐漂移，这对于导航的应用来说是不可容忍的，需要进改正处理。这种改正有两种。

第一种是数据改正，在导航电文中广播卫星星钟模型，对导航卫星参考时间与系统时间的偏差进行改正。以 GPS 为例，t 时刻的星钟改正数计算方法为

$$\tau(t) = a_{f0} + a_{f1} \cdot (t - t_{oc}) + a_{f2} \cdot (t - t_{oc})^2 \qquad (12.1)$$

式中，$\tau(t)$ 为 t 时刻的星钟改正数，是待求量；a_{f0} 为星钟改正模型的常数项系数；a_{f1} 为星钟改正模型的一次项系数；a_{f2} 为星钟改正模型的二次项系数；t_{oc} 是星钟模型起点时刻。这 4 个系数在导航电文中广播。导航电文中星钟改正系数如表 12.1 所示。

表 12.1　导航电文中星钟改正系数

改正系数	比特数/bit	尺度因子	单位
t_{oc}	16	2^4	s
a_{f2}	8	2^{-55}	s/s^2
a_{f1}	16	2^{-43}	s/s
a_{f0}	22	2^{-31}	s

从表 12.1 中可以看出，常数项系数占 22bit，其中一位符号位，则导航电文中能安排的最大钟差为

$$2^{21} \cdot 2^{-31} \text{s} \cong 0.97 \text{ ms} \qquad (12.2)$$

如果时差超过 0.97ms，将不在导航电文中广播星钟改正数。因此，需要用到物理改正，即对导航卫星参考时间偏差进行物理调整，保持时间偏差在 0.97ms 以内。这就是第二种改正方法。

在对时间偏差进行调整时，需要保持导航卫星参考时间的连续性，一般通过一段时间内对导航卫星频率的微调实现对时间的调整。

2. 主备用链路切换前备用链路控制

由于备用链路的频率信号没有输出到载荷，因此对备用链路的控制相对简单，调整备用链路的相位差和频率差，实时与主用链路保持一致即可。

3. 主备用链路切换后主用链路的控制

导航卫星的导航电文定期更新，也就是说，导航电文中星钟模型并不是实时更新的，每次上载的导航电文要维持一定时间。

主备用链路采用不同的原子钟，不同原子钟的模型参数不同。如果主备用链路切换后，导航电文中星钟参数并不能随之更新，若参数差别影响用户，需要在切换后对主用链路（切换前的备用链路）进行实时调整，使切换后的主用链路保持切换前主用链路的星钟参数。

这种控制要求在切换前对主备用链路的频率差和相位差进行精密测量和建模，以备在切换后根据建模结果对切换后主用链路进行实时调整，使其表现出切换前的主用链路相同的特性，满足对星上参考时间、参考频率连续性的要求，并保障导航电文中的星钟模型在切换前后的正确性。

12.3.3　导航卫星时频控制系统的控制方法

导航卫星参考时间和参考频率的控制与地面主钟系统的控制方式类似，即控制前后不影响导航卫星参考时间频率的稳定度与准确性。

1. 导航卫星参考时间的控制方法

导航卫星的导航卫星时间采用对星上的 10.23MHz 分频产生，这样保证时间与频率相位关系的恒定。在对时间信号进行控制时，需要考虑两个问题：

（1）在初始化时，能根据地面控制指令，快速将导航卫星时间与系统时间的差快速调整到预定的范围内。

（2）在正常运行时，能够对时间信号进行精细调整。在对时间信号进行精细调整时，不影响输出时间的连续性。

对于初始化的快速调整，可以不考虑连续性与稳定度，只改变分频计数值即可。关键是精细调整的方法，由于 10.23MHz 的频率可调，可以根据 10.23MHz 的调整，每秒对频率调整一次，每次调整一个微小的控制量，相当于对频率的漂移进行控制，每次调整量 Δf 与调整时段（T）、时间调整量（Δt）之间的关系为

$$\Delta t = \frac{1}{2} \cdot \Delta f \cdot T^2 \tag{12.3}$$

按照这种方式进行控制，能保证导航卫星时间的连续性，同时，对 Δf 进行限制，每次调整量都控在一个小量，这样能保障星上频率的跳变在允许范围内。

2. 导航卫星参考频率信号的控制方法

大多数频标都会受到频率漂移的影响，其中铷原子钟的频率漂移最为明显。当频率偏差较大时，就会淹没频率漂移特性，为此在估计频率漂移之前需先估计频率偏差。在得到系统时间与当前星载钟的钟差后，通过对钟差数据进行处理就可得到相位差和频率偏差，根据三态校准的方法，估计出频率漂移校准量。

在自主控制过程中，要满足系统时间的连续性和频率的稳定度。为了实现这一目标，建立当前钟与系统时间的比对链路，使用"乒乓"算法对系统当前钟进行控制，每 15min 一个间隔，通过驾驭原子钟频率漂移实现对当前钟的控制。以自主运行下的 GPS 为例，校准星载钟示意图如图 12.9 所示。

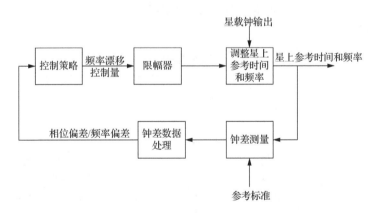

图 12.9　校准星载钟示意图

1）频率偏差估计

原子钟时间偏差数据（相位数据）可表示为

$$x(t) = x_0 + y_0 t + \frac{1}{2} D t^2 + \varepsilon_x(t) \tag{12.4}$$

式中，x_0、y_0、D分别为初始相位（时间）偏差、初始频率偏差和线性频率漂移；$\varepsilon_x(t)$为原子钟时间偏差的随机变化分量。

原子钟瞬时相对频率偏差$y(t)$可表示为

$$y(t) = y_0 + Dt + \varepsilon_y(t) \tag{12.5}$$

式中，$\varepsilon_y(t)$为瞬时相对频率偏差的随机变化变量。

计算相位数据的频率偏差就是式（12.4）中的y_0项，也就是由相位数据估计一条直线；而计算频率数据的频率偏差是式（12.5）中的y_0项，也就是估计频率数据的均值。表12.2列出了频率偏差估计方法。

表 12.2　频率偏差估计方法

数据类型	估计方法	适用范围
相位数据	线性拟合法	相位白噪声
	一次差分均值法	频率白噪声
	端点法	端点匹配
频率数据	均值法	频率白噪声

2）频率漂移估计

频率漂移是原子频率的确定性变化分量，很难对其进行直接测量。一般先直接测量频率漂移的相位或频率，然后通过下列方法估计频率漂移。频率漂移估计方法如表12.3所示。

表 12.3　频率漂移估计方法

数据类型	估计方法	适用范围
相位数据	二次拟合法	相位白噪声
	二次差分均值法	频率随机游走噪声
	三点拟合法	频率白噪声和频率随机游走噪声
频率数据	线性拟合法	相位白噪声
	两段拟合法	频率白噪声和频率随机游走噪声
	对数拟合法	稳定度分析

频率漂移估计方法的选择可根据拟合残差来判断。如果拟合残差为随机白噪声，这说明该拟合模型比较合适。也可以根据主要噪声类型选择使用哪种拟合模型，这需预先确定主要噪声类型。下面给出二次拟合法估计频率漂移量的过程。

定义多项式 $D(b, f)$：

$$D(b, f) = b + \frac{1}{2} f \cdot \Delta T^2 \tag{12.6}$$

式中，b 为当前钟差的相位差；f 为当前钟差的频率偏差；ΔT 为校准周期。

频率漂移校准量 $\mathrm{d}f$ 的计算方法：如果 $|D(b, f)| < \mathrm{TOL}$，则

$$\mathrm{d}f = -\mathrm{sign}(f) \cdot \min(U, |f| / \Delta T)$$

如果 $|D(b, f)| \geqslant \mathrm{TOL}$，当 $|f| > f_{\max}$ 或者 $f \cdot D(b, f) > 0$ 时，则

$$\mathrm{d}f = -U \cdot \mathrm{sign}(D(b, f))$$

其余情况 $\mathrm{d}f = 0$。

式中，U 为允许的最大频率漂移调整量；$f_{\max}$ 为允许的最大频率偏差；TOL 为允许的最大相位差；sign 为符号函数；min 为取最小值符号。

估计出频率漂移以后，对频率漂移的幅度加以限制，以保证对频率稳定度和准确度的影响降至最低。限幅后的频率漂移量发送给星载原子钟，每台星载原子钟对其自身的输出进行频率调整。

不管星载原子钟还是主钟的调整，都是根据用户的需要进行的。有的用户需要频率连续，有的用户需要时间连续，对不同的用户，有不同的最优调整方法，需要区别对待。

参 考 文 献

ALLAN D W, 1998. The Science of Time-Keeping, Application Note 1289[M]. Santa Clara: Agilent Technologies.

ALLAN D W, BARNES J A, 1982. Optimal time and frequency transfer using GPS signals[C]. Proceedings of the 36th Annual Symposium on Frequency Control, Philadelphia, USA: 378-387.

ALLAN D W, DALY P, KETCHING I D, et al., 1990a. Frequency and time stability of GPS and GLONASS clocks[C]. Proceedings of 44th Annual Frequency Control Symposium, Baltimore, USA: 127-139.

ALLAN D W, LEVINE J, 1990b. A rubidium frequency standard and a GPS receiver: Remotely steered clock system with good short-term and long-term stability[C]. Proceedings of 44th Annual Frequency Control Symposium, Baltimore, USA: 151-160.

ALLAN D W, PEPPLER T K, 1988. Ensemble time and frequency stability of GPS satellite clocks[C]. Proceedings of 42nd Annual Symposium on Frequency Control, Baltimore, USA: 465-467.

ALLAN D W, WEISS M, 1983. Separating the variances of noise components in the Global Positioning System[C]. Proceedings of the 15th Annual Precise Time and Time Interval(PTTI) Applications and Planning Meeting, Washington D C, USA: 115-131.

BEARD R, BUISSON J, DANZY F, et al., 2002. GPS Block IIR rubidium frequency standard life test results[C]. Proceedings of the 2002 IEEE International Frequency Control Symposium, New Orleans, USA: 449-504.

CORDARA F, COSTA R, LORINI L, et al., 2005. Galileo System Test Bed V1: Results on the experimental Galileo System Time[C]. Proceedings of 19th European Frequency and Time Forum(EFTF), Besancon, France: 144-150.

VANNICOLA F, BEARD R, WHITE J, et al., 2010. GPS block IIF atomic frequency standard analysis[C]. 42nd Annual Precise Time and Time Interval(PTTI)Meeting, Reston, USA: 181-194.